JN096573

最初からそう教えてくれればいいのに！

図解！TypeScriptの

ツボとコツが ゼッタイに わかる本 「"超"入門編」

中田 亨 著

秀和システム

ダウンロードファイルについて

　本書での学習を始める前にサンプルファイル一式を、秀和システムのホームページから本書のサポートページへ移動し、ダウンロードしておいてください。ダウンロードファイルの内容は同梱の「はじめにお読みください.txt」に記載しております。

秀和システムのホームページ

　ホームページから本書のサポートページへ移動して、ダウンロードしてください。
　URL　https://www.shuwasystem.co.jp/

はじめに

　この本は、TypeScriptをはじめて勉強する人のための『超』入門書です。まったくの未経験でも、実際に動かせるアプリケーションを完成させることを目的としています。そのため、文法の解説については本書で扱うアプリケーションの作成に必要な内容を中心に、基本事項だけを厳選しました。

● 本書で解説していること
・JavaScriptの基本（変数／データ型／関数／制御構文／配列など）
・TypeScriptの基本（型注釈に関する内容）

● 本書で詳しく解説していないこと
・JavaScriptのオブジェクトリテラル、クラス、非同期処理など
・TypeScriptのインターフェース、ジェネリクスなど

● 必要な知識
　HTMLとCSSの基本的な文法についてはネットなどで調べながら自分で解決できる方を想定しています。文法に不安を感じる方は、本書のシリーズ本である「図解！ HTML&CSSのツボとコツがゼッタイにわかる本」で学んでいただくと、必要な前提知識が身に付きます。

● どんな人におすすめ？

・プログラミングの初心者。
・TypeScriptを使ってアプリケーションを作れるようになりたい
　方。
・他の本で独学したけれどつまずいてしまった方。
・自分のペースで学習したい方。
・ゆくゆくはTypeScript以外の言語も学びたい方。

● 本書の構成

　全章を通じてわかりやすい図解を取り入れています。

● 本書の環境

　本書で解説するプログラムは以下の環境で動作を確認しています。

・Windows11 / Chrome 105.0.5195.102
・iOS 15.6.1 / Safari 15.6.1

　本書によってTypeScriptの魅力とプログラミングの楽しさが少しでも伝わり、学習のお役に立てれば幸いです。

中田　亨

本書の使い方

　本書で作成するアプリケーションのプログラムは、秀和システムのサポートページからダウンロードできます。完成版（release）フォルダに入っているindex.htmlをブラウザにドロップすればすぐに動作を確認できます。

● 秀和システムホームページ

　ホームページからサポートページへ移動して、ダウンロードしてください。

【URL】https://www.shuwasystem.co.jp/

● ダウンロード可能なファイルの一覧

・sample¥command…Chapter02（37〜39ページ）のコマンド実行に使うプログラムです。

　次のデータはChapter07以降で使います。本書の解説に沿ってコードを追加して、アプリケーションの開発を体験してください。うまく動かないときは完成版のプログラムと見比べて、原因の発見と修正に役立ててください。

・sample¥calendar…カレンダーのプログラムです。
・sample¥stopwatch…ストップウォッチのプログラムです。
・sample¥stopwatch2…改良版ストップウォッチのプログラムです。

　※サンプルの取り扱いに関しては、ダウンロードデータに含まれる「はじめにお読みください.txt」を参照してください。

Chapter 01 TypeScript とは？

Chapter 02 開発環境を設定しよう

Chapter
03

変数とデータ型を学ぼう

Chapter
04

制御構文を学ぼう

Chapter 05

配列を学ぼう

Chapter 07 ストップウォッチを 作ろう

Chapter 08　カレンダーを作ろう

↓

TypeScript とは？

TypeScriptとは?

 JavaScriptの上位互換

　TypeScriptはMicrosoft社が開発したプログラミング言語で、JavaScriptを拡張して作られた上位互換です。JavaScriptはブラウザやNode.jsなどの実行環境で動作しますが、TypeScriptはそのままでは実行できません。そのため、TypeScriptで記述したソースコードは開発ツールを使ってJavaScriptのソースコードにコンパイル(変換)して利用します。

TypeScriptの利用形態

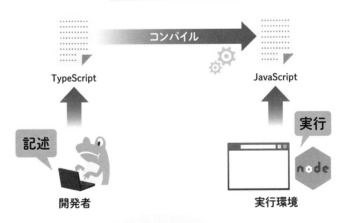

JavaScriptに変換
して利用するよ

TypeScriptの特徴

TypeScriptには、JavaScriptには無い2つの大きな特徴があります。

・静的型付け
・クラスベースのオブジェクト指向

それぞれの意味について解説していきます。

● 静的型付け言語と動的型付け言語

　プログラムではデータを変数に代入して使います。変数とはデータを入れておく箱のような概念です。変数には「データ型」が決まっていて、数値を入れる変数は数値型、文字列を入れる変数は文字列型、というように使い分けます。

　たとえばTypeScriptでaという名前の数値型の変数を使いたいときは次のように記述します。

```
let a: number = 1;
```

　こうするとaは数値専用の変数になり、a="Hello"のように数値以外のデータを代入しようとすると、コンパイルの時点で文法チェックがはたらいてエラーになり、間違ったJavaScriptへの変換を未然に防いでくれます。

```
error TS2322: Type 'string' is not assignable to type 'number'.
```

　このように、ソースコードを記述する段階でデータ型が決まる言語を静的型付け言語と呼びます。TypeScriptは静的型付け言語です。

一方、JavaScriptにはソースコードで型を示す文法がありません。そのため、数値を代入してから文字列を代入してもエラーにならず、2行目を実行した時点でaは文字列型の変数になります。

```
let a = 1;    // aに数値が入る（この時点でaは数値型）
a = "Hello"; // aに文字列が入る（この時点でaは文字列型）
```

　このように、プログラムを実行しないとデータ型が決まらない言語を動的型付け言語と呼びます。JavaScriptは動的型付け言語です。

● 動的型付け言語の問題点
　JavaScriptの場合、ソースコードを見ただけでは変数のデータ型が推測しにくく、間違った型のデータを代入しても文法的にはエラーにならないため、プログラムの間違いに気づきにくいという問題があります。この問題は、開発の規模（ソースコードの量や開発メンバーの人数など）が大きくなるほど顕著になります。
　TypeScriptはJavaScriptに静的型付けができる機能を追加した言語なので、この問題を解消することができます。JavaScriptベースの開発プロジェクトにおいてTypeScriptが注目されている理由のひとつです。

クラスベースのオブジェクト指向言語

　TypeScriptのもう一つの特徴は、クラスベースのオブジェクト指向言語であるという点です。クラスベースとは、プログラムで扱う変数とメソッドをクラスという単位で定義できるという意味です。たとえば猫の性質を表したCatクラスというものがあったとき、猫が鳴いたり怒ったりする様子を次のように記述できます。

猫クラスを定義するプログラム

```
class Cat {
  meow() { /* 鳴くメソッドの定義 */ }
  angry() { /* 怒るメソッドの定義 */ }
}
```

猫クラスを利用するプログラム

```
const myCat = new Cat();
myCat.meow();    // => にゃー
myCat.angry();   // => ふーっ！
```

　myCatのように、あるモノの性質を備えたものをオブジェクトと呼び、オブジェクトを中心にプログラムを組み立てる考え方をオブジェクト指向と呼びます。クラスベースのオブジェクト指向言語はソースコードの再利用性が高く機能追加や分業がしやすいため、大規模な開発にも対応できるメリットがあります。今はJavaScriptにもクラス構文がありますが、TypeScriptが登場した当時はありませんでした。

TypeScriptを学ぶメリット

 ## なぜTypeScriptを学ぶのか?

TypeScriptを学ぶと、開発効率やプログラム品質の向上に役立ちます。以下の理由から、最新のJavaScript仕様の習熟にも役立ちます。

最新の構文が使える

JavaScriptはウェブアプリケーション開発の主要言語で、その言語仕様はECMAScript（エクマスクリプト）として定められており、毎年のバージョンアップで新しい構文が追加されています。しかし、JavaScriptが動作するかどうかは実行環境（特にブラウザ）のサポート状況に依存するため、常に最新の構文をソースコードに取り入れることができるわけではありません。

TypeScriptはブラウザがサポートするバージョンのJavaScriptにコンパイル（変換）できるため、ソースコードに最新の構文を取り入れても問題なく実行することができます。

また、TypeScriptは最新のECMAScriptに準拠しているだけでなく、未来のJavaScriptで使用可能になる見込みが高い仕様も先取りして取り入れています。これにより、開発者は最新のJavaScript構文を使いながら、古い環境のコードにも対応できるようになります。

● JavaScriptとの互換性

TypeScriptはJavaScriptのスーパーセット（上位互換）なので、JavaScriptの機能を全て備えつつ、TypeScript独自の機能や利点が追加されています。そのため、TypeScriptの開発環境でJavaScriptのソースコードをそのまま記述して実行することができます。言い換えると、TypeScriptを使い始めるためにはJavaScript以外の知識はいりません。一般に新しいプログラミング言語を導入するには数ヶ月の学習期間を要することを考えると、TypeScriptの学習コストは緩やかであると言えます。

● Visual Studio Codeによる入力補完

VS Code（Visual Studio Code）はプログラミング用のエディターです。VS CodeはTypeScriptに対応した入力支援機能をサポートしており、変数や関数の正確な名前を調べなくても途中まで入力すれば候補が表示されるので、開発効率が格段に向上します。

VS Codeの入力支援機能

```
TS main.ts 3 ●      JS main.js

sample > TS main.ts > ...
  1   class Cat {
  2     meow() {}
  3     angry() {}
  4   }
  5   const cat = new Cat();
  6   cat.meow();
  7   cat.
          ⊕ angry                          (method) Cat.angry(): void
          ⊕ meow
```

入力候補を提示してくれるから便利！

● 静的な型チェック

19ページで解説した「静的型付け」はTypeScriptの最も重要な機能といえます。プログラムを実行する前にデータ型の間違いを発見できるので、修正コストを最小限に抑えることができます。一般にバグ（プログラムの欠陥）は発見が遅れるほど影響範囲が広がり、修正コストが高くつきます。間違いの早期発見が、開発効率とプログラム品質の向上に役立ちます。

型チェック

```
1    let price: number = 150;
2    let fruits: string = "リンゴ";
3
4    price = "170";
        ‸
⊗ main.ts 問題 1 / 1

型 'string' を型 'number' に割り当てることはできません。 ts(2322)
```

エラーの箇所と
原因を教えてくれるよ！

この例では、数値型の変数に文字列を代入しようとしていることをエラーメッセージが教えてくれています。

Chapter

02

↓

開発環境を設定しよう

開発環境に何が必要?

 TypeScriptを使うために必要な環境

TypeScriptでプログラムの作成と実行を行うには以下の準備が必要です。

❶ Node.jsのインストール
❷ TypeScriptのインストール
❸ VS Codeのインストールと初期設定

TypeScriptのコンパイラは、WindowsのPowerShellやMacのターミナルなどのコマンドラインツールからnpmというコマンドを使ってインストールします。npmとはNode Package Managerの略で、サーバーでJavaScriptを動かすことのできるNode.jsという実行環境に付属しているパッケージ管理ツールです。

つまり、Node.jsをインストールすればnpmコマンドが使えるようになり、TypeScriptのコンパイラをインストールできるようになります。

> **Point!** 🐾
>
> **TypeScriptのコンパイラはNode.js（JavaScriptの実行環境）に付属しているnpmコマンドを使ってインストールします。**

VS Code（Visual Studio Code）との連携

　TypeScriptで記述したソースコードをJavaScriptにコンパイル（変換）するには、コマンドラインツールからtscというコマンドを実行します。

　VS Codeにはコマンドラインを実行できるターミナルが付属しているので、ソースコードの作成、コンパイル、実行まで一連のサイクルをVS Codeだけで行うことができます。ターミナルの起動方法は32ページを参照してください。

VS Codeのターミナルでコンパイル＆実行

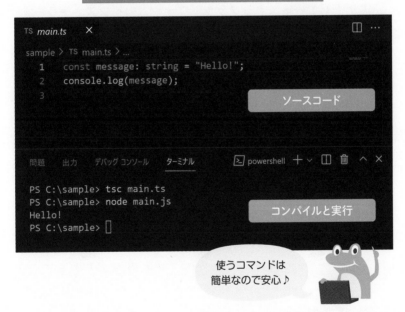

```
TS main.ts   ×

sample > TS main.ts > ...
   1   const message: string = "Hello!";
   2   console.log(message);
   3
```

ソースコード

```
問題   出力   デバッグ コンソール   ターミナル        powershell

PS C:\sample> tsc main.ts
PS C:\sample> node main.js
Hello!
PS C:\sample>
```

コンパイルと実行

使うコマンドは
簡単なので安心♪

　では、❶❷❸の順番にインストールを進めていきましょう。

Node.jsのインストール

 Node.jsのインストール

公式サイトから該当するプラットフォームのインストーラーをダウンロードします。

Node.jsのダウンロードページ

ホーム | NODE.JSとは | ダウンロード | ドキュメント | 参加する | セキュリティ | ニュース | CERTIFICATION

ダウンロード

最新のバージョン: **16.16.0** (同梱 npm 8.11.0)

Node.jsのソースコードをダウンロードするか、事前にビルドされたインストーラーを利用して、今日から開発を始めましょう。

	LTS 推奨版	最新版 最新の機能
	Windows Installer node-v16.16.0-x64.msi	**macOS Installer** node-v16.16.0.pkg	**Source Code** node-v16.16.0.tar.gz

Windows Installer (.msi)	32-bit	64-bit
Windows Binary (.zip)	32-bit	64-bit
macOS Installer (.pkg)	64-bit / ARM64	
macOS Binary (.tar.gz)	64-bit	ARM64
Linux Binaries (x64)	64-bit	
Linux Binaries (ARM)	ARMv7	ARMv8
Source Code	node-v16.16.0.tar.gz	

**自分の環境にあった推奨版
(LTS) をダウンロードしよう**

Node.js ダウンロードページ
https://nodejs.org/ja/download/

　Windowsの場合はインストーラー（.msi）を選択すると簡単です。
画面の指示に従ってインストールを進めていきましょう。

初期画面とライセンス同意画面

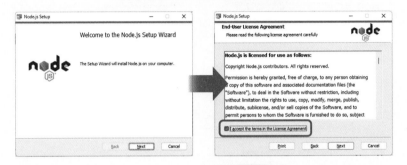

ライセンス同意の
チェックをつけて
次へ進もう

　ライセンス同意画面ではチェックボックスにチェックを入れて
［Next］で次へ進みます。

インストール先とインストール内容の選択画面

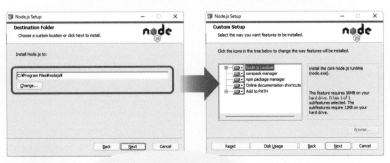

インストール先を変更したい
場合はChangeで指定しよう

Node.jsのインストール先を変更したい場合は「Change…」ボタンでインストール先のディレクトリを指定します。インストール内容の選択画面はデフォルトのままで構いません。

インストールの開始画面と完了画面

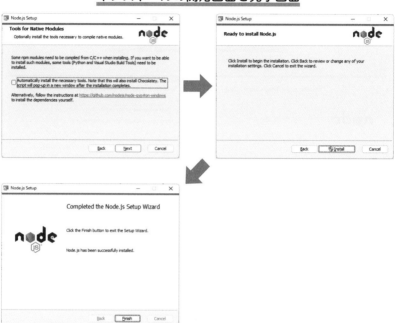

[Install]ボタンでNode.jsのインストールを開始します。インストールが終わると完了画面が表示されるので、[Finish]をクリックしてインストーラーを閉じます。

\Column/

MACのターミナルを管理者権限で実行するには？

　MACのターミナルを管理者権限で実行するには、ターミナルでsuコマンドを実行します。

書式

```
$su
```

もしくは、実行したいコマンドの前にsudoを付けます。

書式

```
$sudo npm --version
```

Point!　「su」「sudo」コマンド

su（substitute user）コマンドを実行するとスーパーユーザーの権限を持ったユーザーに切り替わり、アプリケーションのインストールやアップデートなど、root権限が必要とされる操作を実行できるようになります。sudo（superuser do）は、スーパーユーザーの権限でプログラムを実行できるコマンドです。一般ユーザーに一部の管理操作だけを委譲したい場合は安全のためにsuよりもsudoを使うことが推奨されています。

ターミナルを起動しよう

 ## ターミナルの起動

Windowsの場合はPowerShellを、Macの場合はターミナルを起動します。

● Windows 10/11の場合

［スタートボタン］を右クリックして［Windows PowerShell（管理者）］を選択します（Windows 11の場合は［Window ターミナル（管理者）］）。

Windowsの場合

● MACの場合

［アプリケーション］＞［ユーティリティ］フォルダの中にある
［ターミナル.app］をダブルクリックします。もしくは、Spotlight検
索（画面右上の虫眼鏡マーク）で「ターミナル」または「terminal」と入
力すると［ターミナル.app］が見つかります。

Macの場合

ターミナルから次のnpmコマンドを実行して、「8.13.2」のように
npmのバージョンが表示されればインストール成功です。

書式

```
npm --version
```

TypeScriptのインストール

 TypeScriptのインストール

　ターミナルから次のnpmコマンドを実行すると、TypeScriptのコンパイラがインストールされます。

書式

```
npm install -g typescript
```

　次のコマンドを実行して、「4.7.4」のようにTypeScriptのバージョンが表示されればインストール成功です。

書式

```
tsc --version
```

<u>**TypeScriptのインストールに成功**</u>

```
PS C:\windows\system32> tsc --version
Version 4.7.4
```

エラーが出る場合の対処

　現在ログオンしているユーザーにスクリプトの実行権限がない場合、次のようなエラーが出ます。

スクリプトの実行権限がない場合のエラー

```
PS C:\Users\since> tsc --version
tsc : このシステムではスクリプトの実行が無効になっているため、ファイル C
:\Program Files\nodejs\tsc.ps1 を読み込むことができません。詳細について
は、「about_Execution_Policies」(https://go.microsoft.com/fwlink/?LinkID
=135170) を参照してください。
発生場所 行:1 文字:1
+ tsc --version
+ ~~~
    + CategoryInfo          : セキュリティ エラー: (: ) []、PSSecurityEx
ception
    + FullyQualifiedErrorId : UnauthorizedAccess
```

　実行ポリシーを表示するコマンド「Get-ExecutionPolicy -List」を実行してみましょう。CurrentUser や LocalMachine が Restricted になっていれば、権限が制限されている証拠です。

実行ポリシーの確認

```
PS C:\Users\since> Get-ExecutionPolicy -List

        Scope ExecutionPolicy
        ----- ---------------
MachinePolicy       Undefined
   UserPolicy       Undefined
      Process       Undefined
  CurrentUser       Undefined
 LocalMachine      Restricted
```

　このような場合、実行ポリシーを設定するコマンド「Set-ExecutionPolicy RemoteSigned」を実行して、実行ポリシーをRemoteSignedに変更してください。変更できたかどうかを確認するために、もう一度「Get-ExecutionPolicy -List」を実行してください。

実行ポリシーの変更

```
PS C:\Users\since> Set-ExecutionPolicy RemoteSigned
PS C:\Users\since> Get-ExecutionPolicy -List

        Scope ExecutionPolicy
        ----- ---------------
MachinePolicy       Undefined
   UserPolicy       Undefined
      Process       Undefined
  CurrentUser       Undefined
 LocalMachine    RemoteSigned
```

　ただし、CurrentUserの実行ポリシーがRestricted（制限付き）の場合は「Set-ExecutionPolicy RemoteSigned」自体がエラーで実行できないので、「Set-ExecutionPolicy -ExecutionPolicy Undefined -Scope CurrentUser」を実行してください。LocalMachineがRemoteSignedでCurrentUserがUndefinedになれば、tscコマンドが実行できるようになります。

実行ポリシーの変更

```
PS C:\Users\since> Set-ExecutionPolicy -ExecutionPolicy Undefined -Scope CurrentUser
PS C:\Users\since> Get-ExecutionPolicy -List

        Scope ExecutionPolicy
        ----- ---------------
MachinePolicy       Undefined
   UserPolicy       Undefined
      Process       Undefined
  CurrentUser       Undefined
 LocalMachine    RemoteSigned

PS C:\Users\since> tsc --version
Version 4.7.4
```

 ## TypeScript のコンパイル

　tsc はTypeScriptのコンパイラを起動するコマンドです。たとえばC:¥sample¥command¥main.ts をJavaScriptにコンパイルする手順は次のとおりです。

カレントディレクトリを移動

　ターミナルから次のコマンドを実行して C:¥sample¥command¥ ディレクトリへ移動します。

書式

```
cd C:¥sample¥command¥
```

　cdはカレントディレクトリを移動するコマンドです。

TypeScriptをコンパイル

　tsc main.tsを実行すると、コンパイルされたmain.jsが同じディレクトリに生成されます。

書式

```
tsc main.ts
```

TypeScriptのコンパイル

main.ts　　　　　　　　　　　　main.js

 ## TypeScriptのコンパイルオプション

　tscコマンドにはいくつかのオプションが用意されています。よく使いそうなものを紹介します。

🌑 --targetオプション（コンパイラのバージョン指定）

どのバージョンのECMAScriptに準拠した.jsファイルを出力する
かを指定するオプションです。

```
tsc main.ts --target ES2022
```

指定できるバージョンは、es3、es5、es6、es2015、es2016、es2017、
es2018、es2019、es2020、es2021、es2022、esnextで す。esnextは
策定中の機能も含んだ最新バージョンを指します。また、ECMAScript
は毎年バージョンアップされるので、今後はes2023、es2024…も指定
できるようになっていきます。

コンパイラのバージョン指定

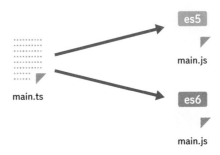

targetオプションを省略するとes5を指定したことになります。本
書ではes6以降の構文を使うので、常に最新のES2022を指定します。

🌑 --outFileオプション（ファイルの連結）

複数の.tsファイルを単一の.jsファイルにまとめるオプションです。

```
tsc main.ts sub.ts --outFile app.js
```

ファイルの連結

| main.ts | sub.ts | | app.js |

● --watchオプション（更新を監視して自動コンパイル）

.ts ファイルの更新を監視して自動的に再コンパイルするオプションです。監視を終了するには Ctrl + C を押します。

```
tsc main.ts --watch
```

自動コンパイル

複数のオプションを併用する場合はオプションとオプションの間をスペースで区切って次のように記述します。

```
tsc main.ts --target ES2022 --watch
```

開発用エディターの インストール

Visual Studio Code の入手とインストール

VS Code のパッケージをダウンロードして、PC にインストールを
行います。

● 【STEP1】 Visual Studio Code のダウンロード

公式サイト（https://code.visualstudio.com/）を開きます。

Visual Studio Code の公式サイト

パソコンの OS にあったパッケージの安定版（Stable）を選択してイ
ンストーラーをダウンロードします。

●【STEP2】Visual Studio Codeのインストール

　保存したexeファイルを実行するとインストーラーが起動し、使用許諾の画面が表示されます。「同意する」にチェックをつけて「次へ(N)」をクリックします。

インストーラーの起動画面

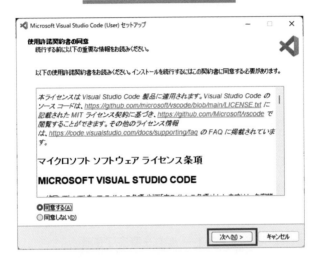

　追加タスクの選択画面で必要なオプションを選択したら「次へ(N)」をクリックします。

追加タスクの選択画面

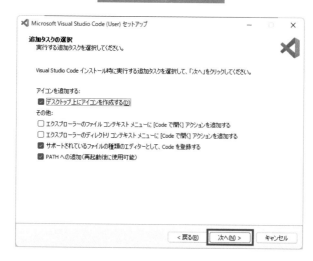

インストールの準備完了画面で「インストール(I)」をクリックする
とインストールが始まります。

インストールの準備完了画面

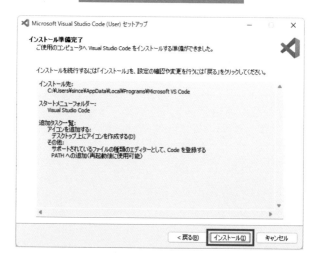

インストールが完了したら「完了 (F)」をクリックします。

インストールの完了画面

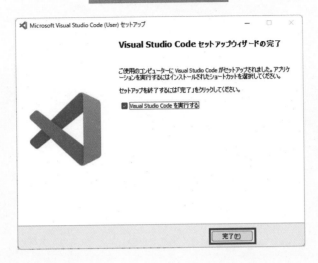

インストーラーが終了すると、VS Codeが起動します。

Visual Studio Code の起動画面

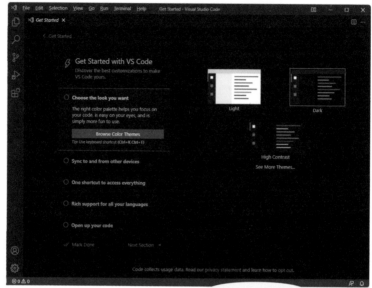

画面が英語のままだと
使いにくいかも……

　インストールした直後は画面が英語になっているので、日本語化を行いましょう。

　45ページの手順で日本語化しても、VS Codeを最新版にアップデートしたとき画面が初期設定（英語の表示）に戻ってしまう事例が報告されています。その場合は、54ページの手順で日本語に戻してください。

Visual Studio Codeの日本語化（拡張機能）

VS Codeを起動して、❶サイドメニューのアイコンをクリックすると、拡張機能の管理画面が表示されます。

日本語化パッケージのインストール

日本語用のパッケージを
インストールしよう

❷検索ボックスに「Japanese Language Pack for Visual Studio Code」と入力すると日本語化パッケージが検索結果に表示されるので、❸Installボタンを押してインストールします。

インストールが終わったらVS Codeを再起動します。メニューなどが日本語に変わっていれば成功です。

日本語化された VS Code

これで安心して
使えるね！

Point! 拡張機能のインストールとアンインストール

拡張機能のインストールとアンインストールは管理画面から行います。

コード整形機能の追加（拡張機能）

拡張機能の管理画面で「Prettier - Code formatter」を検索してインストールします。

Prettierのインストール

● 既定のコード整形をPrettierに変更する

「ファイル(F)>ユーザー設定>設定」を開きます。

ユーザーごとの環境設定画面

左側のツリーから「テキストエディター」をクリックすると右側に「Default Formatter」という項目があるので、「Prettier - Code formatter」に変更します。

既定のフォーマッターを変更

● コード整形のタイミングを設定する

左側のツリーから「書式設定」をクリックすると「Format On 〜」という項目があるので、自動でコード整形をして欲しいタイミングにチェックをつけます。

コード整形のタイミングを設定

この3箇所がおすすめ♪

ここでは、コードを貼り付けたとき（Format On Paste）、ファイルを保存したとき（Format On Save）、コードを入力したとき（Format On Type）にチェックを付けています。

インデントの強調（拡張機能）

拡張機能の管理画面で「indent-rainbow」を検索してインストールします。

indent-rainbowのインストール

　indent-rainbowをインストールしておくと、ソースコードのインデントに色がついて強調され、見やすくなります。

見やすくハイライトされたインデント

```
 1    export const greeting = () => {
 2        let message: string = "";
 3        const hours: number = new Date().getHours();
 4        if (hours < 12) {
 5            message = "おはよう!";
 6        } else if (hours < 18) {
 7            message = "こんにちは！";
 8        } else {
 9            message = "こんばんは！";
10        }
11        console.log(message);
12    };
```

制御構造が
見やすくなる♪

全角スペース・全角英数字の強調（拡張機能）

　拡張機能の管理画面で「zenkaku」を検索してインストールします。

zenkakuのインストール

　zenkakuをインストールしておくと、ソースコード内の全角スペースと全角英数字に色がついて強調され、見やすくなります。

間違って入力された全角スペースが見える

```
1   export const greeting = () => {
2     let message: string = "";
3     const hours: number = new Date().getHours();
4     if (hours < 12) {
5       message = "おはよう!";
6     } else if (hours < 18) {
7       message = "こんにちは！";
8     } else {
9           message = "こんばんは！";
10    }
11    console.log(message);
12  };
```

全角スペースが
見えるように
なる♪

　プログラムのソースコードは原則として半角文字（英数字と記号）で記述しますが、慣れないうちは半角スペースのつもりで全角スペースを入力するミスをしてしまいがちです。拡張機能を使って全角スペースを見えるようにして、自分で気付けるようにしておきましょう。

 ## コードのスペルチェック機能（拡張機能）

　拡張機能の管理画面で「Code Spell Checker」を検索してインストールします。

Code Spell Checkerのインストール

Code Spell Checkerをインストールしておくと、コードのスペルミスをリアルタイムで表示してくれます。

スペルミスしている箇所に下線がつく

```
1   export const greeting = () => {
2     let message:string = "";
3     const hours: number = new Date().getHours();
4     if (hours < 1    type number = /*unresolved*/ any
5       message = "
6     } else if (ho   "namber": Unknown word. cSpell
7       message = "   'namber' という名前は見つかりません。'number' ですか?
8     } else {        問題の表示  クイック フィックス... (Ctrl+.)
9       message =
10    }
11    console.log(message);
12  };
```

この拡張機能はTypeScriptだけでなくHTMLやCSS、PHP、Pythonなど多くの言語に対応しているので、インストールして常に有効化しておくとよいでしょう。

また、正しいスペルの候補も表示してくれるので、英単語を調べる手間も省けます。

 ## HTMLタグの入力補助機能（拡張機能）

拡張機能の管理画面で「Auto Rename Tag」を検索してインストールします。

Auto Rename Tagのインストール

Auto Rename Tagをインストールしておくと、HTMLの開始タグを入力すると終了タグが自動的に補完されます。

HTMLの編集が便利になる

また、開始タグの要素名を修正したときも終了タグを自動的に修正してくれるので、HTMLのコーディングミス防止に役立ちます。

コーディングミス防止に役立つ

開始タグを修正すると
終了タグも変わるよ

これらの拡張機能を活用して、快適なプログラミング環境を整えましょう。

TypeScriptのファイル作成とコンパイル

VS CodeでTypeScriptのファイルを作成するには、❶[ファイル（F）> 新しいテキストファイル（Ctrl + N）]を選択すると表示される❷「言語の選択」をクリックして❸「TypeScript」を選択します。

VS CodeでTypeScriptファイルを作成

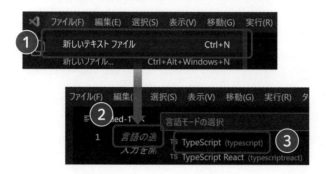

　コンパイルは画面上部のメニューから❶［ターミナル（T）＞新しいターミナル］をクリックすると表示される❷ターミナルのウィンドウから行います。

VS Codeのターミナルを起動

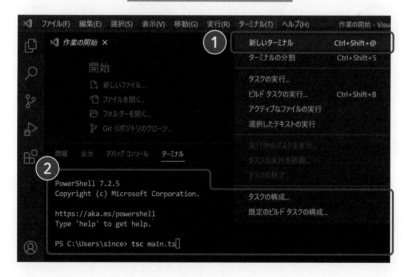

　以後、.tsファイルのコンパイルはVS Codeのターミナルから行います。

VS Codeが英語に戻ってしまった場合の修正方法

　VS Codeをアップデートしたことによって、いつの間にか画面が英語に
戻ってしまった場合は、以下の手順で日本語に戻せます。

　VS Code 上で Ctrl + Shift + P （Macなら Command + Shift + P ）を
押すとコマンドパレットが開きます。パレットの検索欄に「Language」を入
力すると「Configure Display Language」（表示言語を構成する）が見つかる
ので、選択します。すると、言語の一覧が出てくるので、日本語（ja）以外が
選択されていれば日本語（ja）を選択しなおします。

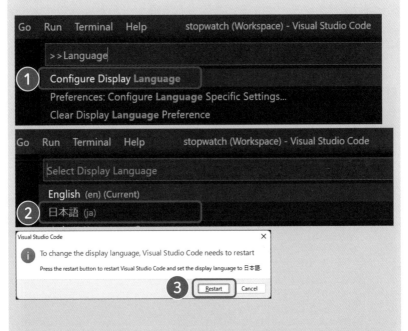

　RestartボタンをクリックしてVS Codeを再起動すると、設定が反映され
て日本語になります。

Chapter

03

変数とデータ型を学ぼう

ES6とは?

🐊 開発効率が飛躍的に向上したJavaScriptの言語仕様

　JavaScriptの言語仕様はECMAScript（エクマスクリプト）といい、2015年に公開されたES2015（通称ES6）で大幅な仕様変更が行われました。2015年以前のES5でJavaScriptを学んだ人にとっては全く別の言語に見えるかもしれません。その後は毎年バージョンアップが行われており、最新版はES13（2022年6月公開）です。

　ES6以降（ES6+と表記）で追加された仕様には、開発をラクにするための便利なものが多く、フロントエンド開発に携わる人にとって必須のスキルといっても過言ではありません。

ECMAScriptの進化

言語仕様は
毎年バージョンアップ
している

何故ES6+で書くのか

ES5以前のJavaScriptはホームページにちょっとした動きを加える程度の使い方が主流でしたが、ウェブアプリが普及してフロントエンド開発でJavaScriptが中心的な役割を果たすようになると、ES5は使い勝手がよくない過去の産物になっていきました。そのような背景から策定されたES6+でプログラムを書くことは、開発効率や保守性の向上に役立ちます。

Chapter03 〜 Chapter06では、ES6+を適度に取り入れながら以下の概念・構文を解説していきます。

本書で扱うTypeScriptの概念・構文

キーワード	説明
変数	プログラムで扱うデータを読み書きする記憶領域に名前をつけたもの。
データ型	変数に入れるデータの分類のこと。論理型、数値型、文字列型などがある。
型注釈	変数を宣言するときに、その変数にどんな値が代入可能かを指定する機能。
制御構文	プログラムの流れを分岐したり繰り返したりする制御を行うための構文。
配列	複数のデータを順番に並べた「箱」のような構造のこと。
関数	与えられた値をもとに毎回決まった処理を実行し、その結果を返す命令のこと。
スコープ	プログラム中で定義された変数や関数などを参照・利用できる有効範囲のこと。

Point! ES6+を積極的に取り入れる5つのメリット

・便利な機能や構文が使えるから。

・従来よりもソースコードを簡潔に記述できるから。

・今学んでもすぐに廃れる（使えなくなる）心配がないから。

・ES6+で書かれたプログラムを理解できるようになるから。

・主要な構文や機能だけなら学習コストはそれほど高くないから。

変数宣言

 変数とは？

　変数とは、プログラム内で扱うデータを記憶しておく領域に名前をつけたものです。たとえば自動販売機でジュースを買うとき、おつりを計算するためには「ジュースの値段」「投入した金額」をプログラムに記憶させて計算をしなければなりません。この計算をJavaScriptで記述すると次のようになります。

おつりの計算

```
let price  = 120; // ジュースの値段
let input  = 200; // 投入した金額
let change = input - price; // おつりの金額
```

　「price」「input」「change」が変数です。変数には、何を格納（記憶）するのかがわかるように適切な名前をつけます。

　変数に値を入れることを代入と呼びます。変数には120や200といった値を直接代入することもできますし、変数を別の変数に代入（コピー）したり、変数同士を計算した結果を代入することもできます。

変数のイメージ

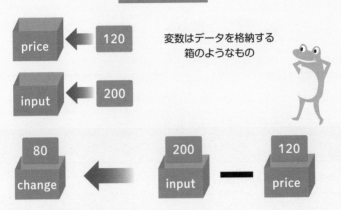

変数はデータを格納する
箱のようなもの

変数の宣言と初期化

変数はletをつけて宣言します。宣言すると同時に初期値を代入してもいいですし、宣言したあとに初期値を代入しても構いません。

書式

> let 変数名 = 初期値;

書式

> let 変数名;
>
> 変数名 = 初期値;

● 変数の特徴

変数は何度でも値を代入しなおすことができます。JavaScriptでリンゴ2個とミカン3個の合計を変数totalに代入する例を示します。

```
let total = 2;     // リンゴの個数を代入（totalは2になる）
total = total + 3; // ミカンの個数を加算（totalは5になる）
```

定数

　変数と違って、二度と値を変更できないものを定数と呼びます。
JavaScriptではconstをつけて宣言します。

書式

```
const 定数名 = 初期値;
```

　たとえば120円のジュースを買うとき、値段は決まっているので
定数として宣言しますが、買う本数は変更できるので変数として宣
言します。

```
const price = 120; // ジュースの値段（定数）
let quantity = 2;  // ジュースの本数（変数）
```

● 定数の特徴

　定数は再代入しようとするとエラーになります。

```
const price = 120; // ジュースの値段（定数）
price = 130;       // エラー！（再代入できない）
let quantity = 2;  // ジュースの本数（変数）
quantity = 1;      // これはOK
```

letとconstの使い分け

　何回でも再代入できる let のほうが汎用性が高いという理由で let を使うのは好ましくありません。むしろ、再代入する必要がないものは const を使い、再代入する必要があるものだけ let を使うほうがプログラムの保守性は高まります。

> **Point!** let と const の使い分け
> 原則は const を使い、再代入する必要があるものだけ let を使います。

宣言は一度だけ

　一度宣言した変数は、同じスコープ内で再度宣言するとエラーになります（スコープについては Chapter06 で解説します）。

```
let quantity = 2;  // ジュースの本数
quantity = 1;      // これは代入なのでOK
let quantity = 3;  // これはエラー
```

データ型

 JavaScriptのデータ型

　JavaScriptのデータ型はプリミティブ型とオブジェクト型に分類されます。プリミティブ型は言語に最初から用意されている基本型のことで、プリミティブ型以外のものは全てオブジェクト型と呼びます。Chapter05で解説する配列はオブジェクト型のひとつです。

JavaScriptのデータ型

プリミティブ型		
文字列型 string	数値型 number	長整数型 bigint
シンボル型 symbol	論理型 boolean	undefined
	null	

オブジェクト型
object

まずはプリミティブ型
を理解しよう

　特に、文字列型と数値型と論理型の3つは他の言語でも頻出のデータ型です。本書でも最も多く登場するので、コードを書いて慣れていきましょう。

number型（数値型）

-9007199254740991から9007199254740991までの数値を表すデータ型です。負の数にはマイナス記号をつけ、小数点はドットを使います。

書式

```
120  // 整数
-0.5 // 小数
```

桁数の大きな数値を見やすくするために、アンダースコアをつけることができます。

書式

```
999_999_999 // 999999999 と同じ
```

JavaScriptには、数値ではない値であることを表すNaNという特殊な値があります。よくある例として、文字列から数値への変換を誤った場合にNaNになります。

```
const price = parseInt("\120"); // 数値型に変換する処理
console.log(price);  // => NaN
```

bigint型（長整数型）

number型の最大値を超えて任意の精度で整数を表現できるデータ型です。数値の末尾にnをつけて表します。

> **2n ** 53n**　// 2の53乗（9007199254740992n）

　bigint型は小数を扱えないので、1.5nや0.5nはエラーになります。また、bigint型はnumber型と一緒に計算することができません。

> **100 + 1n**　　// エラー（101にならない）

　このような場合は、どちらかの型に揃えて計算します。

> **100 + 1**　　　// 整数型に揃えて計算
> **100n + 1n**　　// 長整数型に揃えて計算

　JavaScriptで計算に使う代表的な演算子は次の通りです。

算術演算子

演算子	名前	目的	例
+	加算	左と右を足す	1 + 2
-	減算	左から右を引く	5 - 2
*	乗算	左と右を掛ける	10 * 2
/	除算	左を右で割る	10 / 2
%	剰余	左を右で割った余り	10 % 3
**	指数	左を右の累乗にする	5 ** 2

string型（文字列型）

　テキストを表すデータ型です。文字列の範囲をダブルクォートまたはシングルクォートで囲みます。

書式

```
"TypeScript"
```

　文字列の中に同じ引用符が含まれている場合はバックスラッシュ
をつけてエスケープしなければなりません。

```
'I\'m happy' // => I'm happy
```

　また、バッククォートで囲った文字列をテンプレートリテラルと
呼びます。テンプレートリテラルの中では改行ができ、${式}の形で
式や変数・定数を挿入することもできます。

```
const rainy = "雨";
`今日は
${rainy}です。` // => 今日は（改行）雨です。
```

　文字列の連結は数値の加算と同じ+記号で行います。

```
"今日は" + "快晴" // => 今日は快晴
```

boolean型（論理型）

　論理の状態を表すデータ型で、true（真）とfalse（偽）のどちらか
の値を取ります。

書式

```
const isSunny = true; // 晴天なら true（真）
const isRainy = false; // 雨天なら true（真）
```

データの状態に応じてプログラムの処理を分岐させたいときや、処理の成否を変数に代入して記憶させておきたい場合に使います。

```javascript
// もしも晴天なら買い物に行く
if (isSunny) {
 /* 買い物に行く処理 */
}
// もしも雨天なら家で読書する
if (isRainy) {
 /* 読書する処理 */
}
```

条件分岐（if文）については82ページで解説します。

> Point! 🐊
> JavaScriptには大文字で始まるBoolean型がありますが、これはboolean型と似た性質を持つオブジェクト型です。

null型、undefined型

nullは値が存在しないことを表す値です。undefinedは未定義を表す値です。どちらも値が無いという意味においては同じですが、nullはプログラマが意図的に使わない限り発生せず、undefinedは次のような場面で自然に発生するという違いがあります。

```javascript
let color;
console.log(color); // => undefined
```

初期値を代入していない変数には自動的にundefinedが代入されます。

　nullが発生するケースとして、プログラムに組み込んで利用する
ライブラリやHTMLの要素にアクセスするAPIなどを使用したとき、
目的のデータが取得できなかった（見つからなかった）場合にnullが
返ってくることがあります。

　次のコードは、JavaScriptを実行しているウェブページのHTML
内にid="form"を持つ要素が存在しなければnullが返ってくる例で
す。定数formにnullが代入されます。

```
const form = document.querySelector("#form");
console.log(form); // => null
```

> **Point!** 🐊
> console.log()は実行環境のコンソール画面に値を出力する標準関数で
> す。データの確認によく使われます。

symbol型（シンボル型）

　Symbol()という関数を実行すると毎回異なる値が生成されます。
これをsymbol型と呼びます（関数はChapter06で解説します）。

書式

```
const a = Symbol();
const b = Symbol();
```

　毎回異なる値が生成される様子は、コンピューターのメモリ内か
ら空いているアドレスを探すイメージに似ています。メモリに割り
当てられたアドレスには決して同じものは存在しないので、探すた
びに別のアドレスが選ばれます。

　そのため、上の例でaとbに代入される値は決して同じになること

はありません。具体的にどのような値が代入されたかを確認することはできませんが、Symbol関数を実行するたびに異なる値が得られることが約束されています。

コンピューターのメモリ内部のイメージ

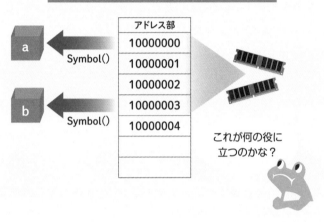

● symbol型が導入された経緯

symbol型は特殊なデータ型なので、値を直接確認することができず、数値のように計算に使うこともできませんが、オブジェクトのプロパティに使うことができます。オブジェクトとは現実世界のモノをプログラムで表したもので、モノの性質をプロパティと呼びます（107ページ）。

たとえばAさんが作成したりんごオブジェクトには色を表すcolorプロパティがあって、colorプロパティにredという値が入っているとします。このオブジェクトを使おうとしたBさんは青りんごにしたかったのでgreenという値が入ったcolorプロパティを追加しました。りんごオブジェクトのcolorプロパティは、Aさんが作成した時点ではredでしたが、Bさんはそのことを知らずにgreenという値で上書きしてしまったことになります。するとりんごオブジェクトは使う人によって色が違うということになってしまいます。言い換え

ると、オブジェクトの性質が勝手に変更されてしまう（オブジェクトが壊れてしまう）ということです。このような不安定なオブジェクトを使ったプログラムは動作が安定しないので、健全な状態とは言えません。

同じ名前を使うとオブジェクトの性質が変わってしまう

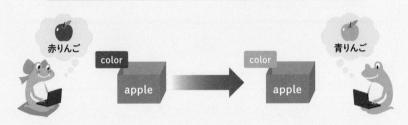

そこで、既存のオブジェクトを拡張したいとき、既存のプロパティと名前が重ならないようにsymbol型をプロパティ名に使う方法が考えられました。

このおかげで、JavaScriptは古い構文を残しつつ新しい仕様を追加できるようになりました。symbol型は互換性を保つ目的で導入されたデータ型なので、使う場面はあまりないかもしれません。

本書ではオブジェクトの構文は取り扱いませんが、colorプロパティの名前にシンボル型の値を使ったappleオブジェクトを定義すると次のようになります。

appleオブジェクトの例

```
const color = Symbol();
const apple = {
  [color]: "red" // シンボル値colorのプロパティ
}
// りんごオブジェクトの色を取得
console.log(apple[color]); // => red
```

型注釈

 変数に代入できるデータ型を指定する

JavaScriptの変数は代入するデータの種類によってデータ型が決まります。そのため、初期値に数値を代入した変数に後から文字列を代入すると、その時点で変数のデータ型が変わってしまいます。

```
let price;      // 数値を扱う（つもりの）変数なのに
price = "120"; // ここで文字列型に変わってしまうので
price = price + 10; // 130ではなく "12010" になってしまう
```

上の例は、商品の値段を120円から130円に変更しようとしていますが、間違って文字列の"120"を代入してしまったため、演算子「+」が数値の加算ではなく文字列の結合として動作してしまいます。

このように、JavaScriptでは変数に代入するデータ型を間違えてしまうと、期待しない動作をすることがあります。

TypeScriptでは次のように変数を宣言する時に「代入可能なデータ型」を明記することができます。これを型注釈と呼びます。

書式

> let **変数名**: データ型;

　型注釈を使うと、間違ったデータ型を代入した箇所がコンパイルエラーになるので、間違ったJavaScriptが生成されることを防止できます。また、VS Codeではリアルタイムでエラーを検知してくれるので、積極的に型注釈を利用しましょう。

VS Codeによる型チェック

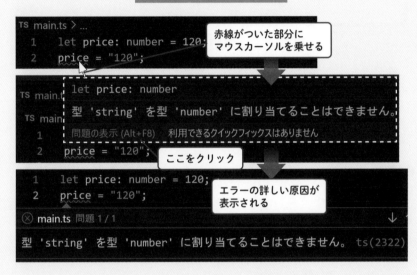

　宣言と同時に初期値を代入する場合は次のようにします。

```
let price: number = 120;              // number型（数値型）
const lightSpeed: bigint = 299792458n; // bigint型（長整数型）
let message: string = "TypeScript";    // string型（文字列型）
let isRainy: boolean = false;          // boolean型（論理型）
```

このように使う
ことが多いよ

列挙型

 複数の定数をひとつの型にまとめる

　列挙型を使うと、複数の定数に名前を付けてひとつのデータ型にまとめることができます。

書式

```
enum 列挙型名 {
  メンバー1 = 値1,
  メンバー2 = 値2,
  メンバー3 = 値3
}
```

　列挙した定数をメンバーと呼び、次のように使用します。

書式

```
列挙型名.メンバー1; // 値1を記述しているのと同じ意味
列挙型名.メンバー2; // 値2を記述しているのと同じ意味
列挙型名.メンバー3; // 値3を記述しているのと同じ意味
```

> **Point! 🐳 値は省略可能**
> メンバーの値を省略すると 0 から始まる連番が割り当てられます。

カレンダーの曜日を DayOfWeek という列挙型で宣言する例です。

```
enum DayOfWeek {
  Sun, // 日曜日:0
  Mon, // 月曜日:1
  Tue, // 火曜日:2
  Wed, // 水曜日:3
  Thu, // 木曜日:4
  Fri, // 金曜日:5
  Sat // 土曜日:6
}
```

day という変数に今日の曜日が入っているとき、今日が日曜日かどうかを比較する式は①列挙型を使った場合と②使わない場合とで次のようになります。

```
// ①列挙型を使った場合
day === DayOfWeek.Sun
// ②列挙型を使わない場合
day === 0
```

週の最初を日曜日ではなく月曜日にしたいとき、月曜日が0になるので、②の場合はプログラム内の0を全て1に修正しなければなりませんが、①の場合は列挙型の宣言だけ修正すれば済むので仕様変更に強いプログラムになります。これが列挙型の便利なところです。

ユニオン型

 いずれかの型だけ代入可能にする

　ユニオン型はパイプ記号「|」で区切ったデータ型のうちいずれかを表す型注釈です。

（書式）

let **変数名**: データ型1	データ型2;

　どのような大きさの数値（小数も含む）でも代入できる変数は次のように宣言します。

```
let anyNumber: number | bigint;
anyNumber = 3.14;      // number 型 (数値型) も代入可能
anyNumber = 3000000n;  // bigint 型 (長整数型) も代入可能
anyNumber = "$1.6";    // それ以外はエラー
```

\Column/

列挙型をユニオン型に変換する

　keyof、typeof演算子（80ページ）を使って列挙型をユニオン型に変換することができます。typeはデータ型に名前をつけるキーワードです（78ページ）。

```
// 列挙型
enum DayOfWeek {
  Sun,  // 日曜日:0
  Mon,  // 月曜日:1
  Tue,  // 火曜日:2
  Wed,  // 水曜日:3
  Thu,  // 木曜日:4
  Fri,  // 金曜日:5
  Sat   // 土曜日:6
}
// ユニオン型に変換
// type Week = "Sun" | "Mon" | "Tue" | "Wed" | "Thu" | "Fri" | "Sat" と同じ
type Week = keyof typeof DayOfWeek;
const oneDay: Week = "Fri";  // いずれかの曜日のみ代入可能
```

　列挙型名にtypeofとkeyofを順番に作用させると、列挙型のメンバーを文字列リテラルとするユニオン型が得られます。そのため、変数oneDayには、"Sun"、"Mon"、"Tue"、"Wed"、"Thu"、"Fri"、"Sat"のいずれかを代入できます。

リテラル型

 特定の値だけを代入可能にする

型注釈でデータ型を記述する場所にプリミティブ型の値を記述すると、その値しか代入できなくなります。これをリテラル型と呼びます。

書式

```
let hello: "おはよう" = "おはよう";
```

hello に "おはよう"以外を代入するとエラーになります。

VS Code による型チェック

```
1    let hello: "おはよう" = "おはよう";
2    hello = "こんにちは";
```

⊗ main.ts 問題 1 / 1   ↓ ↑

型 '"こんにちは"' を型 '"おはよう"' に割り当てることはできません。 ts(2322)

まるで、"おはよう"型という独自のデータ型を型注釈しているように見えますが、これだけなら定数を宣言するのと変わりありません。

```
const hello: string = "おはよう";
```

リテラル型が役立つ場面

リテラル型が役立つのはユニオン型と併用する場合です。たとえば「おはよう」「こんにちは」「こんばんは」のいずれかを代入できる変数を宣言したいとき、次のようにします。

```
let hello: "おはよう" | "こんにちは" | "こんばんは";
hello = "おはよう";       // OK
hello = "こんにちは";     // OK
hello = "こんばんは";     // OK
hello = "Good morning!"; // エラー
```

● リテラル型とプリミティブ型の組み合わせ例

リテラル型とプリミティブ型を組み合わせたユニオン型の例です。

```
// "Yes"かtrueだけを代入できる変数
let yes: "Yes" | true;
// "No"かfalseだけを代入できる変数
let no: "No" | false;
// 数値 (長整数を含む) かnullだけを代入できる変数
let num: number | bigint | null;
// 文字列かundefinedだけを代入できる変数
let text: string | undefined;
```

型エイリアス

 データ型に名前をつける

変数名の前にtypeをつけると、プリミティブ型やリテラル型、ユニオン型（74 〜 77ページ）などに別名をつけることができます。

書式

> type **型名 = データ型**;

型エイリアスを使って"Yes"か"No"だけを代入できる独自のデータ型を定義すると次のようになります。

```
type Choice = "Yes" | "No";
```

このChoice型を型注釈に使うと次のような変数が定義できます。

```
let answer: Choice;
```

型注釈を見れば、answerが"Yes"か"No"しか代入できない変数であることが読み手にわかりやすくなります。

● 型エイリアスの使用例

プリミティブ型を別の名前で使えるようになります。

```
type Num = number;  // Num型はnumber型の別名（同じ意味）

let ranking: Num = 1;  // number型と同じ
let score: Num = 100;  // number型と同じ
```

型名を短くでき
るから便利

型エイリアスをプログラムの先頭付近にまとめておくと、型の定義を変更したいとき、ひとつひとつの変数宣言を修正しなくても定義だけ修正すれば済むので、プログラムの保守性が向上します。

```
type Num = number | bigint;  // 型の定義を変更

let ranking: Num = 1;  // ← 修正不要
let score: Num = 100;  // ← 修正不要
const lightSpeed: Num = 299792458n;  // bigint型が使用可能
```

定義だけ修正すれば
済むから便利

\Column/

よく使う演算子

算術演算子（64ページ）以外の重要な演算子をまとめました。

重要な演算子

演算子	名前	目的	例
==	等価演算子	左右の値が等しいか判定する	x == y
===	厳密等価演算子	型も含めて左右の値が等しいか判定する	x === y
!=	不等価演算子	左右の値が異なるか判定する	x != y
!==	厳密不等価演算子	型も含めて左右の値が異なるか判定する	x !== y
>	大なり演算子	左の値が右の値より大きいか判定する	x > y
>=	大なりイコール演算子	左の値が右の値以上か判定する	x >= y
<	小なり演算子	左の値が右の値より小さいか判定する	x < y
<=	小なりイコール演算子	左の値が右の値以下か判定する	x <= y
&&	論理積	左右の値が両方とも真（true）かどうか判定する	x && y
||	論理和	左右のどちらか一方または両方が真（true）かどうか判定する	x || y
++	インクリメント	変数に1を足す	x++
--	デクリメント	変数から1を引く	x--
+=	加算代入演算子	変数に右の値を足した結果を変数に代入する	x += y
-=	減算代入演算子	変数から右の値を引いた結果を変数に代入する	x -= y
keyof	keyof型演算子	オブジェクトのプロパティ名を抽出して文字列リテラルのユニオン型として返す	keyof x
typeof	typeof型演算子	指定した変数の型を返す	typeof x

keyof,typeofの
用例は75ページ

Chapter

04

制御構文を学ぼう

条件分岐（if文）

↓

 もし〜なら〜する（if）

　プログラムの流れを途中で分岐させたいとき、if文を使ってプログラムの流れを分岐させます。ifの読み方は「イフ」で、英語の「もしも」の意味です。

書式

```
if (条件式) {
  // 条件式が真の場合に行う処理
}
```

　{}の処理は条件式が真の場合（成立する場合）だけ実行されます。条件式はその場ですぐ実行され、成立する場合はtrue、成立しない場合はfalseに置き換えて評価されます。そのため、80ページの等価演算子や大なり小なり演算子（比較演算子といいます）を使って書いても良いですし、論理型の変数（trueかfalseが入っている）を直接書いても構いません。

比較演算子を使った条件式

```
if (a > b) {
```

```
// aがbより大きい場合(a > bが真の場合)に行う処理
}
```

論理型の変数を使った条件式

```
let c: boolean = true;
if (c) {
  // cが真の場合に行う処理
}
```

if文の仕組み

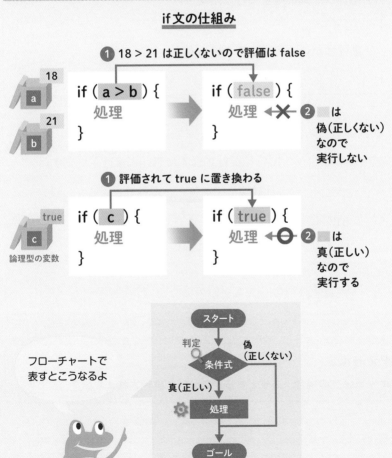

① 18 > 21 は正しくないので評価は false

```
if ( a > b ) {      if ( false ) {
  処理                 処理
}                   }
```

② ■は
偽(正しくない)
なので
実行しない

① 評価されて true に置き換わる

```
if ( c ) {          if ( true ) {
  処理                 処理
}                   }
```

論理型の変数

② ■は
真(正しい)
なので
実行する

フローチャートで
表すとこうなるよ

スタート

判定

条件式

偽
(正しくない)

真(正しい)

処理

ゴール

もし〜でないなら〜する (if 〜 else文)

　条件式が真の場合と偽の場合で別々の処理を行いたい場合は、if 〜 else文を使います。elseの読み方は「エルス」で、英語の「〜でないならば」の意味です。

```
if (条件式) {
  // 条件式が真の場合に行う処理 (A)
} else {
  // 条件式が偽の場合に行う処理 (B)
}
```

　条件式が真の場合は、(A) が実行され (B) は実行されません。条件式が偽の場合は、(A) は実行されずに (B) が実行されます。

比較演算子を使った条件式

```
if (a > b) {
  // aがbより大きい場合 (a > bが真の場合) に行う処理
} else {
  // aがb以下の場合 (a > bが偽の場合) に行う処理
}
```

Point!
if 〜 else文の場合、必ずどちらかの分岐が実行されます。

if 〜 else 文の仕組み

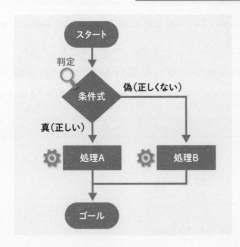

プログラムが通る道は
条件式の真偽によって
変わるよ

● 分岐の中に分岐を入れる

　分岐の中にさらにifやif 〜 elseで分岐を入れると、いくつでも細かく分岐させることができます。

```
if (color === "RED") {
 // 赤の場合の処理
} else {
 if (color === "GREEN") {
  // 緑の場合の処理
 } else {
  // 赤でも緑でもない場合の処理
 }
}
```

もし〜ではなく〜なら〜する（if 〜 else if 文）

　if 〜 elseを何重にも書けば、いくつでも分岐させることができますが、コードが煩雑でわかりにくくなります。3通り以上に分岐したいときはif 〜 else if文を使うとシンプルに書けます。else ifの読み方は「エルス イフ」で、英語の「もし〜ではなく〜ならば」の意味です。

```
if（条件式1）{
　// 条件式1 が真の場合に行う処理（A）
} else if（条件式2）{
　// 条件式2 が真の場合に行う処理（B）
} else if（条件式3）{
　// 条件式3 が真の場合に行う処理（C）
} else {
　// いずれの条件式も偽の場合に行う処理（D）
}
```

　条件式1 が真の場合は、（A）だけが実行されます。条件式2が真の場合は（B）だけが実行されます。条件式3が真の場合は（C）だけが実行されます。いずれの条件式も偽の場合は（D）だけが実行されます。

　この様子を表したのが右の図です。条件式は先に書いたものから評価され、真になった時点で分岐が決定します。たとえば条件式1が真ならその時点で分岐が決定するので、後の条件式2と条件式3は評価されません。

if ～ else if 文の仕組み

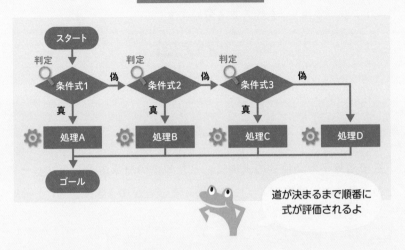

道が決まるまで順番に
式が評価されるよ

　そのため、もしも条件式1と条件式2が両方とも真だった場合、(A)が実行されるので(B)は実行されません。条件式1～3が全て真だった場合も、(A)が実行されて(B)と(C)と(D)は実行されません。

　「一番最初に条件式が成立した分岐だけが実行される」と覚えましょう。

> Point! 🐊
> if ～ else if 文の場合、必ずいずれかの分岐が実行されます。

三項演算子

　三項演算子はif ～ else文と同じことができるシンプルな構文です。

> 書式
> 条件式？真の場合に行う処理A：偽の場合に行う処理B

次のコードは、aが7だったらbに「ラッキー」を代入し、7以外だったら「アンラッキー」を代入する分岐です。

三項演算子の例

```
let a: number = 7;
let b: string = "";
a === 7 ? b = "ラッキー" : b = "アンラッキー";
```

　三項演算子は条件式の真偽に応じた処理の結果を返します。そのため、最後の行は次のように書き換えることができます。

```
b = (a === 7) ? "ラッキー" : "アンラッキー";
```

　aが7だったらb = "ラッキー"を実行し、7以外だったらb = "アンラッキー"を実行する、と読みます。

三項演算子の仕組み

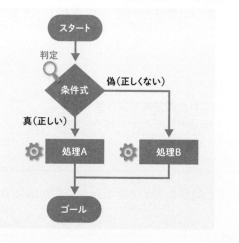

if ～ else文と
同じだね

● if 〜 else 文での置き換え

三項演算子の部分を if 〜 else 文に置き換えると次のようになります。

```
if (a === 7) {
  b = "ラッキー ";
} else {
  b = "アンラッキー "
}
```

> **Point!** 🐊
>
> **三項演算子は if 〜 else 文とプログラム的に等価です。**

　分岐の条件式が短くて1行に収まりそうな場合、if 〜 else 文の代わりに三項演算子を使うとコードが簡潔になります。条件式が複雑な場合に三項演算子を使うと、かえって視認性が悪くなる場合があるので、無理に使う必要はありません。

　次の例は、2024年が「うるう年」かどうかの判定処理を三項演算子で記述した例です。このような複雑な条件式は素直に if 〜 else で記述したほうが良いでしょう。

```
let isLeapYear:boolean = (2024 % 400 === 0) ?
    true : (2024 % 4 === 0 && 2024 % 100 !== 0);
```

条件分岐（switch文）

↓

 複数の条件分岐

　「Aだった場合はこうする」「Bだった場合はこうする」のように、分岐のパターンを増やしたいとき、if ～ else if文の代わりにswitch文を使うこともできます。switchの読み方は「スイッチ」で、プログラムの流れを切り替えるスイッチの意味です。

書式

```
switch (式) {
 case 値1:
  // 式が値1と一致した場合に行う処理（A）
  break;
 case 値2:
  // 式が値2と一致した場合に行う処理（B）
  break;
 default:
  // 式がいずれの値とも一致しない場合に行う処理（C）
  break;
}
```

式の部分には計算式だけでなく変数を入れることもできます。

switch文の仕組み

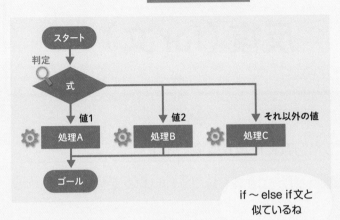

if 〜 else if文と
似ているね

　caseとbreakの読み方は「ケース」と「ブレーク」で、それぞれ英語の「場合」「中断」の意味です。break は、switch 文を終了して一番最後の}までプログラムをジャンプさせる命令です。defaultの読み方は「デフォルト」で、英語の「規定、省略時」の意味です。

　もし(A)の後のbreakを書き忘れると、(A)を実行したあとプログラムは次のcase に流れるので、(B)も実行されてしまいます。

　defaultは、式を評価した結果がいずれのcaseにも一致しなかった場合の分岐で、if文のelse に相当します。

Point! 🐊

switch文はif 〜 else if文とプログラム的に等価です。

反復（for文）

 指定した回数だけ繰り返す（for）

指定した回数だけ同じ処理を繰り返すにはfor文を使います。

書式

> for（初期化式；条件式；加算式）{
>
> // ここに書いた処理が繰り返される
>
> }

　for文は初期化式、条件式、加算式の3つで制御を行います。初期化式には「いま何回目の繰り返しを実行しているか」を記憶させる変数の宣言と初期化を書きます。加算式には、初期化式で宣言した変数の値を増やす式を書きます（繰り返しの回数を数える）。条件式には繰り返しを継続するための条件を書きます。条件式が真なら繰り返しが継続し、偽になるとプログラムは{}を抜けて繰り返しが終了します。

1から5までの数字をコンソールに出力する

```
for (let i: number = 1; i <= 5; i++) {
 console.log(i); // iの値が出力される
}
```

for文の仕組み

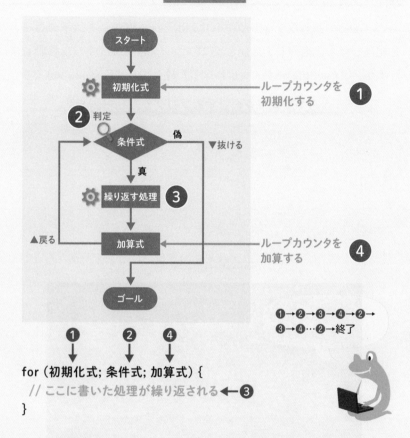

for（初期化式; 条件式; 加算式）{
　// ここに書いた処理が繰り返される ←❸
}

　for文はプログラムの実行順を理解することが重要です。左ページのコードを図に当てはめて、１２３４５が出力される流れをたどってみましょう。

Point! 🐊

繰り返しのことをループ、繰り返しの回数を記憶させる変数をループカウンタと呼びます。

1から100までの合計を求めてみよう

VS Codeで適当なディレクトリにindex.tsを作成して以下のコードを記述したら、ターミナルからcdコマンドでディレクトリに移動しましょう。C:\sample\index.tsに作成した場合は「cd C:\sample」です。

1から100までを合計するプログラム（index.ts）

```typescript
let total: number = 0;
for (let i: number = 1; i <= 100; i++) {
  total += i;
}
console.log(total); // 結果を出力
```

コンパイルの準備

```
sample > TS index.ts > ...
  1    let total: number = 0;
  2    for (let i: number = 1; i <= 100; i++) {
  3      total += i;
  4    }
  5    console.log(total); // 結果を出力
  6

  問題   出力   デバッグ コンソール   ターミナル          ∑ pwsh

PS C:\> cd C:\sample
PS C:\sample> []
```

ターミナルにtscコマンドを入力してコンパイルしましょう。このプログラムは--targetオプションをつけてもつけなくても正しく動作しますが、本書では一貫してES2022でコンパイルを行います。

tsc index.ts --target ES2022 Enter

コンパイルの実行

```
問題   出力   デバッグ コンソール   ターミナル

PS C:\sample> tsc index.ts --target ES2022
```

index.ts と同じディレクトリに index.js が生成されます。

コンパイルされた JavaScript

```
sample > JS index.js > ...
  1    let total = 0;
  2    for (let i = 1; i <= 100; i++) {
  3        total += i;
  4    }
  5    console.log(total); // 結果を出力
```

JavaScript には型注釈が無いので「:number」は除去されます。

コンパイルできたら、node コマンドで index.js を実行しましょう。node は Node.js の実行環境で JavaScript を実行するコマンドです。

書式

```
node 実行する js ファイルのパス
```

index.js を実行する

```
PS C:\sample> node index.js
5050
PS C:\sample> []        できた！
```

次の行に実行結果が出力されます。1から100までの合計は5050なので、5050が出力されたら成功です。とても手作業できないような計算でも、プログラムなら一瞬で実行できる感覚を体験できると思います。

● 応用問題1
次の処理をTypeScriptで作成してみましょう。

問題　：1から31のうち7の倍数だけを出力する。
ヒント：7の倍数は、7で割った余りが0になる数です。

回答例

```typescript
for (let i: number = 1; i <= 31; i++) {
  if (i % 7 === 0) {
    console.log(i); // 結果を出力
  }
}
```

7 14 21 28 が出力されたら正解です。

実行結果

```
PS C:\sample> tsc index.ts --target ES2022
PS C:\sample> node index.js
7
14
21
28
```

> Point!
>
> ブラウザでJavaScriptを実行するにはHTMLに組み込む必要があります
> が、Node.jsをインストールしておくと、HTMLを作らなくても node
> コマンドでJavaScriptを実行できます。

● 応用問題2

次の処理を TypeScript で作成してみましょう。

問題　：九九の表を出力する。
ヒント：横のループと縦のループを入れ子にします。

回答例

```typescript
let line: string = "";
for (let i: number = 1; i <= 9; i++) {
  for (let j: number = 1; j <= 9; j++) {
    line += (i * j).toString().padStart(3); // iの段のj番目
  }
  console.log(line); // iの段を出力
  line = "";
}
```

実行結果

```
PS C:\sample> tsc index.ts --target ES2022
PS C:\sample> node index.js
  1  2  3  4  5  6  7  8  9
  2  4  6  8 10 12 14 16 18
  3  6  9 12 15 18 21 24 27
  4  8 12 16 20 24 28 32 36
  5 10 15 20 25 30 35 40 45
  6 12 18 24 30 36 42 48 54
  7 14 21 28 35 42 49 56 63
  8 16 24 32 40 48 56 64 72
  9 18 27 36 45 54 63 72 81
```

例外処理（try catch）

 予期しないエラーを検出する

　throwを使うと意図的にエラーを発生させることができます。throwの読み方は「スロー」で、英語の「投げる」の意味です。throwの後ろにはエラーメッセージを格納したErrorオブジェクトを記述します。JavaScriptではオブジェクトを生成するためにnewを使うので、次の書式になります。

書式

```
throw new Error("エラーメッセージ")
```

　予期しないエラーのことをプログラミング用語で例外と呼びます。throwを実行すると例外が投げられます。投げられた例外を検出する（受け止める）にはtry catch（トライ キャッチ）を使います。

書式

```
try {
  throw new Error("エラーメッセージ");
  // 処理A
} catch (e) {
```

```
  // 例外が発生した場合の処理
}
```

例外をキャッチするイメージ

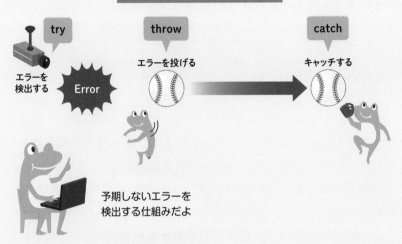

try{}内で例外が発生すると、すぐにプログラムの制御がcatchに移り、後続の処理Aは実行されません。例外が発生しなければ処理Aが実行されてcatchは実行されません。

また、tryで発生したErrorオブジェクトはeに渡されます。eは単なる変数名なので、errやerrorでも構いません。Errorオブジェクトに格納されているメッセージはmessageプロパティを使って取り出すことができます。

```
console.log(e.message); // => エラーメッセージ
```

Point! 🐊 try catch と throw の関係
throwで投げた例外をtryで検出し、catchで例外処理を行います。

例外処理の使用例

　ソースコードの文法が正しくても、プログラムを実行したときエラーが発生する場合があります。たとえば受験者数x人の試験の平均点を計算したいとき、合計点をyとするとy/xで求めることができますが、もしも変数xに間違って0が入っていたら計算できません。

```
let avg: number = y / x; // xが0だったら計算できない
```

　JavaScriptでは0で割ると無限大を意味するInfinityという特別な値になり、avgにはInfinityが代入されます。これはエラーとはみなされないので、プログラムは中断されません。しかしプログラム的には間違いなので、xが0の場合はエラーの扱いにしなければなりません。

　xが0かどうかはif文を使えば判定できますが、エラーの扱いにしたいという意図がプログラムの読み手に伝わりにくいです。

```
if (x === 0) {
  // なぜxが0だったらエラーなのか伝わりにくい
  console.log("エラーが発生しました");
}
```

　try catchを使うと、try{}内で例外が発生する可能性があるということと、そのときどのような処理をしたいのかがcatchを見れば読み手に伝わりやすいメリットがあります。

　平均点を求める例をtry catchを使って改善してみましょう。xとyは事前に宣言済みとします。

```
try {
  // 変数をチェック
  if (x === 0) {
    throw new Error("受験者数に0が入っています");
  }
  // 平均点を求めて出力
  let avg: number = y / x;
  console.log("平均点:" + avg);
} catch (e) {
  console.log(e.message);
}
```

　xが0でなければ平均点が出力され、0ならばエラーメッセージが
出力されます。

実行結果

xが0でない場合

```
PS C:\sample> node index.js
平均点:75
```

xが0の場合

```
PS C:\sample> node index.js
受験者数に0が入っています
```

コメントとインデント

　コメントとは、プログラムの意味を明確にして目的をわかりやすくするためにソースコードに記述する説明文です。//は1行コメントで、行末までがコメントとみなされます。/* */は複数行コメントで、途中に改行を含めることができます。

　インデントとは、if文やfor文など制御の範囲をわかりやすくするためにソースコードの行頭を字下げすることです。VS Codeを使うと自動でインデントしてくれますが、本来はプログラマ自身が意識して行うべきプログラミングのマナーです。

コメントとインデント

```
/*
コメントの内容を改行できます。
ここもコメントとみなされます。
*/
if (…) {
  /*改行するかどうかは任意です。*/
  for (…) {
    // この1行はコメントとみなされます。
    処理
  }
}
```

意味の伝わるプログラム
を心掛けよう

Chapter

05

↓

配列を学ぼう

配列リテラル

配列の宣言

　配列とは、同じデータ型の変数を一列に並べたデータ構造です。配列に格納したひとつひとつのデータを配列要素と呼び、要素の位置を表す番号を要素番号と呼びます。

配列のイメージ

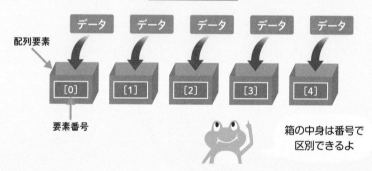

箱の中身は番号で
区別できるよ

　配列は要素を「,」で区切り、全体を [] で囲って記述します。この書式を**配列リテラル**と呼びます。

書式

```
[a,b,c]
```

　配列を意味するオブジェクト名 Array を使って、要素数 x の空の配列を次のように宣言することもできます。

書式

> new **Array(x)**

　ある夏の一週間の曜日と最高気温を配列で表してみましょう。

配列の例

```
let dayOfWeek = ["日","月","火","水","木","金","土"];
let temp = [32,35,33,30,29,31,29];
```

 ## 配列の型注釈

　配列に格納できるデータ型は次のように型注釈を記述します。普通の変数との違いは、型の後ろに配列を意味する [] をつけることです。

書式

> let 変数名: データ型[];

　型注釈にユニオン型（74ページ）を使うと、複数のデータ型が混在した配列を宣言できます。

型注釈の例

```
let x: (number | string)[];
x = [1,2,3,4,5];        // 数値のみ
x = ["a","b","c","d","e"]; // 文字列のみ
x = [1,2,"A","",5];      // 数値と文字列の混合
```

● 型注釈の別の書き方

配列の型注釈は次のように記述することもできます。

書式

```
let 変数名 : Array<データ型>;
```

次のコードはどちらも同じ意味です。

```
let x: number[] = [1,2,3,4,5];
let x: Array<number> = [1,2,3,4,5];
```

\Column/

列挙型を使うと？

個数が決まっている文字列型の配列は、列挙型（72ページ）を使って宣言することもできます。

```
// 曜日を列挙型で宣言
enum DayOfWeek { "日","月","火","水","木","金","土" }
console.log(DayOfWeek[0]); // => 日
// 干支を列挙型で宣言
enum Zodiac { "子","丑","寅","卯","辰","巳","午","未","申",
"酉","戌","亥" }
console.log(Zodiac[0]); // => 子
```

オブジェクトとは？

オブジェクトは現実世界のモノをプログラムで表したもので、一般にプロパティとメソッドを持ちます。

いろんなオブジェクト

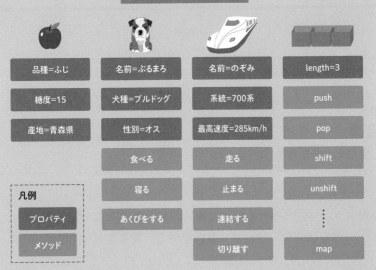

プロパティはオブジェクトに備わっている変数、メソッドは関数のようなイメージです。JavaScriptでは配列や数値、文字列などを宣言すると自動でそれぞれに対応したオブジェクトの性質が備わります。そのため、変数xが数値型ならx.toFixed()、文字列型ならx.slice()、配列ならx.push()のようにオブジェクトの種類に応じたメソッドが使えるようになります。

配列要素のアクセス

 要素番号を指定する

配列要素にアクセスするには要素番号を使います。

書式

> **変数名[要素番号]**

前ページの配列tempから火曜日の最高気温を取り出す例を示します。火曜日は前から数えて3番目なので、要素番号は2です。

```
let x: number = temp[2]; // xに33が入る
```

配列要素の値を変更するときも要素番号を使います。火曜日の最高気温を34に修正してみましょう。

```
temp[2] = 34; // 要素の値が33から34に変わる
```

> **Point!**
> 配列の要素番号は1からではなく0から数えます。

要素の値を取り出す

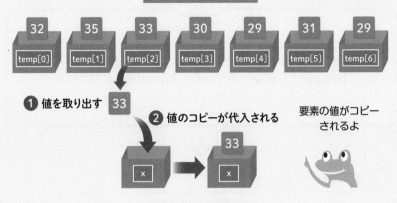

要素の値を変更する

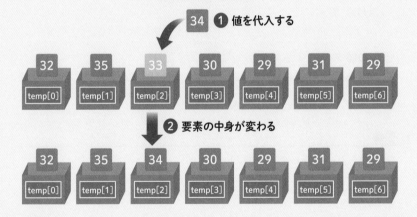

\Column/

プリミティブ型の代入はコピー

　数値や文字列などプリミティブ型の変数を別の変数に代入すると、値の
コピーが代入されます。上の例でxの値を変更しても、コピー元の配列要素
temp[2]の値は変わりません。

配列のアクセス制限

読み取り専用の配列

　型注釈の前にreadonlyを記述した配列は読み取り専用になり、以下の操作ができなくなります。

・要素の値を変更する操作
・要素の個数や位置を変更する操作
・書き込み可能な配列への代入

書式

> 変数名 : readonly データ型 [ ]

● 要素の値を変更する操作

要素に値を代入しようとするとエラーになります。

<u>要素の値は変更できない</u>

```
1    let x: readonly number[] = [1, 2, 3];
2    x[0] = 6;
```

⊗ index.ts 問題 1 / 1

型 'readonly number[]' のインデックス シグネチャは、読み取りのみを許可します。

● 要素の個数や位置を変更する操作

　122ページで解説しますが、JavaScriptの配列はオブジェクトなので、要素を操作するさまざまなメソッドが使えます。たとえば配列に要素を追加するpushメソッドや、要素を並べ替えるsortメソッドなどです。これらは要素の個数や位置を操作するメソッドなので、使おうとするとエラーになります。

要素の個数や位置を変更する操作

```
1    let x: readonly number[] = [1, 2, 3];
2    x.push(6);
```
⊗ index.ts 問題 1 / 1

プロパティ 'push' は型 'readonly number[]' に存在しません。

● 書き込み可能な配列への代入

　読み取り専用の配列を書き込み可能な配列に代入しようとするとエラーになります。次の例は、読み取り専用の配列xを、書き込み可能な配列yに代入しようとしています。

書き込み可能な配列への代入

```
1    let x: readonly number[] = [1, 2, 3];
2    let y: number[] = x;
3
         let y: number[]
         型 'readonly number[]' は 'readonly' であるため、変更可能な型
         'number[]' に代入することはできません。 ts(4104)
```

配列の分割代入

 分割代入とは?

　分割代入は、配列のように複数の値をもつデータ構造の一部分だけを一回の操作で別の変数へ代入できる記述方法です。配列xの一部を個別の変数yとzに分割代入する例を示します。

配列の分割代入

```
const x: number[] = [1, 2, 3, 4, 5];
let [y, z] = x; // y=1, z=2 と同じ
```

　[y, z]は配列と同じ書式ですが、配列ではなく二つの変数yとzをまとめて宣言したものです。ここに配列xを代入すると、先頭の要素がyに代入され、次の要素がzに代入されます。次のように別々に代入した場合と同じです。

```
let y: number = x[0];
let z: number = x[1];
```

> **Point!**
> **代入される側の変数の型は、代入するデータの型と同じになります。**

2変数の交換

分割代入を利用すると、2つの変数の交換を簡潔に記述できます。

```
let a: number = 1;
let b: number = 2;
[a, b] = [b, a]; // aに2が代入され、bに1が代入される
```

分割代入を使わずに記述すると、退避用の変数を用意しなくては
なりません。

```
let c: number; // 退避用の変数
c = a;      // aの値をcに代入して退避する
a = b;      // aにbを代入
b = c;      // cに退避した値をbに代入
```

2変数の交換

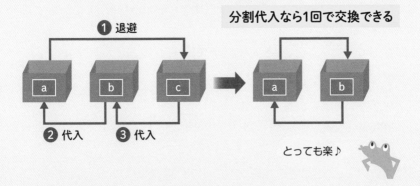

分割代入なら1回で交換できる

① 退避

② 代入 ③ 代入

とっても楽♪

途中の要素の分割代入

　先頭からではなく途中の要素を取り出すには、不要な要素の数だけカンマを記述します。

途中の要素を取り出す

```
const x: number[] = [1, 2, 3, 4, 5];
let [, , a, , b] = x; // a=3, b=5 と同じ
```

途中の要素の分割代入

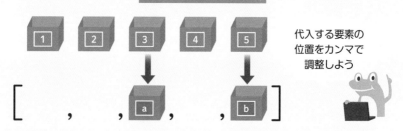

代入する要素の
位置をカンマで
調整しよう

　分割代入される側の最後の変数に…をつけると、残りの要素が全て代入されます。これを**残余引数**（Rest Pamameters）といいます。

```
const x: number[] = [1, 2, 3, 4, 5];
let [a, ...b] = x;
console.log(a); // a=1 と同じ
console.log(b); // b=[2, 3, 4, 5]と同じ
```

存在しない要素の分割代入

　配列の要素数よりも代入される変数の数が多い場合、代入されなかった変数は undefined になります。

代入されない変数

```
const x: number[] = [1, 2, 3];
let [a, b, c, d] = x; // d には代入されない
```

　d には代入する要素が存在しないので、初期値を代入していない状態と同じです。そのため、自動的に undefined が代入されます。

```
let a: number = x[0];   // a=1 と同じ
let b: number = x[1];   // b=2 と同じ
let c: number = x[2];   // c=3 と同じ
let d: number;          // d=undefined と同じ
```

存在しない要素の分割代入

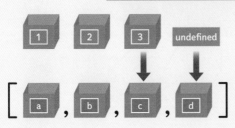

初期値を代入して
いないのと同じ

配列のコピー

スプレッド構文

配列の変数名に「...」をつけると、要素をひとつひとつ書き並べるのと同じ意味になります。「...」をスプレッド構文と呼びます。

書式

［... 変数名］

スプレッド構文

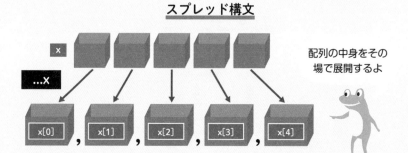

配列の中身をその場で展開するよ

スプレッド構文を利用すると、次のような操作を簡潔に記述できます。

・配列のコピー
・配列の連結

配列のコピーと連結

スプレッド構文を使って配列のコピーと連結を行う例を示します。

配列のコピー

```
const x: number[] = [1, 2, 3];
const y: number[] = [...x];      // y=[1,2,3] と同じ
const z: number[] = [...x, ...y]; // z=[1,2,3,1,2,3] と同じ
```

yとzの型注釈は省略できますが、データ型を明確にできることが
TypeScriptの特徴なので、なるべく省略せずに記述したほうがよい
でしょう。

\Column/

オブジェクトの代入はコピーではなく参照

配列を展開せずに直接代入すると、コピーではなく参照が代入されるので、
片方の配列を書き換えると他方の配列も変わってしまいます。

yはxと同じデータを共有する

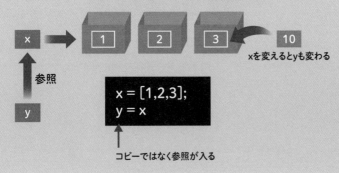

配列要素の繰り返し

 配列の長さ

配列を宣言すると、Arrayという名前のオブジェクトの性質が備わります。Arrayは配列を意味する抽象的なオブジェクトで、要素の長さを表すlengthプロパティを持っています。

書式

```
Array.length
```

lengthプロパティをfor文（92ページ）の条件式に使うと、配列の全ての要素について繰り返し処理が行えます。

要素の値を合計する

```typescript
const x: number[] = [1, 2, 3, 4, 5];
let total: number = 0;
for (let i: number = 0; i < x.length; i++) {
  total += x[i];
}
console.log(total); // => 15
```

i < 5の代わりにlengthを使うと、配列の長さが変わってもfor文

を修正しなくて済むので、変更に強いプログラムになります。

for of 文

for of 文は for 文を拡張した構文で、配列要素を先頭から末尾に向かって順番に変数へ代入しながら繰り返します。

書式

> for (変数名 of Array)

for of 文はループカウンタと条件式を必要としないため、全ての要素を繰り返したい場合は for 文よりも簡潔に記述できます。左ページの for 文を for of 文で記述すると次のようになります。

全ての要素を繰り返す

```
for (let y of x) {
  total += y;
}
```

for of 文のイメージ

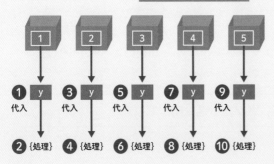

❶〜❿の順に
実行されるよ

Point! for of 文では型注釈が使えない

for (let y: number of x) {...} はコンパイルエラーになります。

forEachメソッド

Arrayオブジェクトには全ての要素を繰り返すforEachメソッドが備わっています。for文やfor of文などの制御構文の代わりに使うことができます。

書式

Array.forEach(関数(要素){処理}})

要素にはfor of文と同じく配列要素が代入され、配列の長さだけ{処理}が繰り返し実行されます。関数が初めての方はChapter06（141ページ）を読んでから戻ってきてください。

要素の値を合計する

```
const x: number[] = [1, 2, 3, 4, 5];
let total: number = 0;
x.forEach(function (e) {
  total += e;
});
console.log(total); // => 15
```

オブジェクトのメソッドを実行するには次のように記述します。

書式

オブジェクト変数名.メソッド名(…)

繰り返しを途中で終了する

ある条件が成立したとき繰り返しを途中で終了するにはbreakを使います。

合計が10以上になったら終了する

```
// for文の場合
for (let i: number = 0; i < x.length; i++) {
  total += x[i];
  if (total >= 10) { // 終了する条件
    break;
  }
}
```

```
// for of文の場合
for (let y of x) {
  total += y;
  if (total >= 10) { // 終了する条件
    break;
  }
}
```

> Point!
> forEachメソッドは制御構文ではないためbreakを使うことができません。繰り返しを途中で終了する場合はfor文かfor of文を使います。

配列を操作するメソッド

 配列を操作する代表的なメソッド

　Arrayオブジェクトには、配列を操作するメソッドが豊富に備わっています。覚えておくと役立つ代表的なメソッドを解説します。

Arrayオブジェクトの代表的なメソッド

メソッド	説明	破壊的	ページ
push	配列の末尾に1つ以上の要素を追加し、追加後の要素数を返す。	●	☞124
pop	配列の末尾から要素を1つ削除し、その要素を返す。	●	☞125
shift	配列の先頭から要素を1つ削除し、その要素を返す。	●	☞126
unshift	配列の先頭に1つ以上の要素を追加し、追加後の要素数を返す。	●	☞127
slice	指定した範囲の配列要素からなる新しい配列を返す。		☞128
join	指定した文字で配列要素を連結した文字列を返す。		☞129
reverse	配列要素の並び順を逆転させる。	●	☞130
fill	指定した範囲にある配列要素を、指定した値に一括で変更する。	●	☞131
includes	指定した要素が配列に含まれるかどうかを返す。		☞132
some	関数で指定した条件を満たす要素が配列の中に1つ以上あるかどうかを返す。		☞133

forEach	配列の各要素に対して、指定した関数を実行する。		☞120
find	配列の中から、関数で指定した条件を満たす最初の要素を返す。		☞134
findIndex	配列の中から、関数で指定した条件を満たす最初の要素の位置を返す。		☞135
filter	配列の中から、関数で指定した条件を満たす要素だけを集めた新しい配列を作成して返す。		☞136
sort	指定した関数によって配列要素の位置を並べ替える。	●	☞137
map	配列の各要素に対応した別の要素を生み出し、それらからなる新しい配列を作成して返す。		☞138
indexOf	配列の中から、引数で指定した要素と一致する最初の要素の位置を返す。		☞139

これだけ使えたら
何とかなる

　この他にも多くのメソッドがあります。まだ一部のブラウザしかサポートしていない仕様策定中のメソッドもあるので、最新の情報が必要になったときは公式リファレンスを検索しましょう。

＜参考URL＞MDN（Mozilla の公式ウェブサイト）
https://developer.mozilla.org/ja/docs/Web/JavaScript/Reference/
Global_Objects/Array

破壊的メソッドと非破壊的メソッド

表の中で●マークがついたメソッドは、実行すると元の配列の内容が変わってしまうものです（要素数や位置など）。そのようなメソッドを破壊的メソッドと呼び、そうでないメソッドを非破壊的メソッドと呼びます。たとえばreverseメソッドを実行すると要素の位置が変わってしまうので、元の配列を残しておきたいときは、メソッドを実行する前に別の変数にコピーしておくといった対処が必要です。

 pushメソッド

pushメソッドは、引数で指定した要素を配列の末尾に追加し、追加後の要素数を返します。引数は可変長なので、まとめて2つ以上の要素を追加できます。

書式

Array.push(追加する要素, 追加する要素,,,,)

バス停の行列

```
const family: string[] = ["母","僕","妹"];
// 後ろからもう一人きた
family.push("父");
// 配列は今どうなっている？
console.log(family); // => ["母","僕","妹","父"]
```

pushメソッドのイメージ

間に合った

push

末尾に追加

配列の末尾に要素を
追加するよ

 ## popメソッド

popメソッドは、配列の末尾から要素を1つ取り出して返します。取り出した要素は配列の中から削除されるので、その要素を使いたい場合は変数に入れるなどして退避しておく必要があります。

書式

```
Array.pop()
```

バス停の行列

```
const family: string[] = ["母", "僕", "妹", "父"];
// 後ろの人が帰った
const last: string = family.pop();
console.log(last + "が帰った"); // => 父が帰った
```

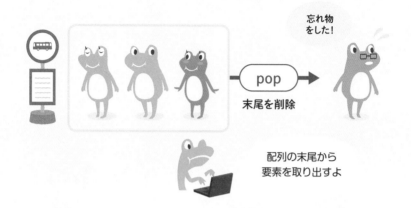

popメソッドのイメージ

忘れ物
をした！

pop

末尾を削除

配列の末尾から
要素を取り出すよ

shiftメソッド

　shiftメソッドは、配列の先頭から要素を1つ取り出して返します。取り出した要素は配列の中から削除されます。pop メソッドとの違いは先頭から取り出す点です。

```
Array.shift()
```

レジを待つ行列

```
const family: string[] = ["母","僕","妹","父"];
// 先頭の人の順番がきた
let first: string = family.shift();
console.log(first + "の番です"); // => 母の番です
```

shiftメソッドのイメージ

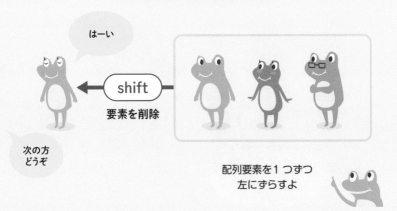

 unshiftメソッド

unshiftメソッドは、配列の先頭に1つ以上の要素を追加し、追加後の要素数を返します。pushメソッドとの違いは先頭に追加する点です。

 書式

```
Array.unshift(追加する要素, 追加する要素,,,,)
```

順番を譲る

```
const family: string[] = ["僕", "妹", "父"];
// 順番を譲る
family.unshift("祖母");
// 配列は今どうなっている？
console.log(family); // => ["祖母", "僕", "妹", "父"]
```

unshift メソッドのイメージ

ありがとね　　　　　　　　お先にどうぞ

unshift
先頭に追加

配列要素を1つずつ
右にずらすよ

 slice メソッド

sliceメソッドは、指定した範囲（省略時は先頭から末尾までとみなされる）の配列要素からなる新しい配列を生成して返します。配列をコピーしたい場合に便利です。

書式

Array.slice（開始位置, 終了位置）

範囲をコピーする

```
const family: string[] = ["母","僕","妹","父"];
// 先頭から2人目と3人目を新しい配列にコピーする
const children: string[] = family.slice(1, 3); // => ["僕","妹"]
```

sliceメソッドのイメージ

開始位置も終了位置も、先頭を0と数える要素番号です。終了位置にある要素は範囲に含まれず、その直前の要素までが含まれることに注意してください。

joinメソッド

joinメソッドは、指定した区切り文字（省略時は「,」とみなされる）で配列要素を連結した文字列を生成して返します。配列を文字列に変換したい場合に使います。

書式

Array.join(区切り文字)

配列を文字列に変換する

```
const family: string[] = ["母", "僕", "妹", "父"];
// 配列を文字列に変換する
const member: string = family.join("|"); // => "母|僕|妹|父"
```

joinメソッドのイメージ

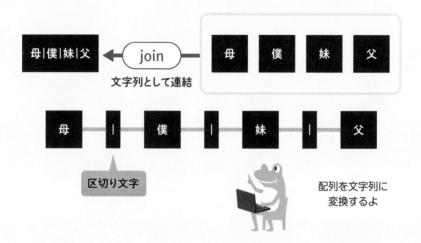

母|僕|妹|父 ← join ← 母 僕 妹 父
文字列として連結

母 | 僕 | 妹 | 父

区切り文字

配列を文字列に
変換するよ

Point! 「新しい配列を返す」の意味
sliceメソッドが返す配列は元の配列とは別なので、コピーした配列
centerの中身を書き換えても元の配列listの内容は変わりません。

 ## reverseメソッド

　reverseメソッドは、配列要素の並び順を逆にします。先頭からで
はなく最後尾から順番に操作したい場合に便利です。

書式

```
Array.reverse()
```

要素の順番を逆にする

```
const family: string[] = ["母","僕","妹","父"];
family.reverse();
console.log(family); // => ["父","妹","僕","母"]
```

reverseメソッドのイメージ

要素の順番を
逆にするよ

Point! reverse は破壊的メソッド
reverseメソッドを実行すると配列の中身が変わってしまうことに注意
しましょう。

 ## fillメソッド

fillメソッドは、指定した範囲（省略時は先頭から末尾までとみな
される）にある配列要素に同じ値を設定します。

書式

```
Array.fill(値, 開始位置, 終了位置)
```

複数の要素にまとめて値を設定する

```typescript
const fruits: string[] = Array(3); // 要素数3の空の配列
fruits.fill("りんご");
console.log(fruits); // => ["りんご","りんご","りんご"]
fruits.fill("桃", 1, 3);
console.log(fruits); // => ["りんご","桃","桃"]
```

fillメソッドのイメージ

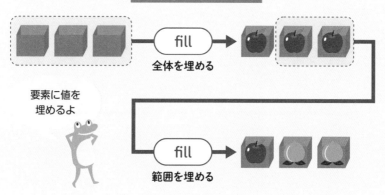

fill
全体を埋める

要素に値を
埋めるよ

fill
範囲を埋める

　開始位置も終了位置も、先頭を0と数える要素番号です。終了位置
にある要素は範囲に含まれず、その直前の要素までが含まれること
に注意してください。

includesメソッド

　includesメソッドは、指定した位置以降（省略時は先頭から検索）
に特定の値が含まれるかどうかをboolean型で返します。

書式

Array.includes(検索する値, 検索開始位置)

妹がいるかどうか判定する

```
const family: string[] = ["母","僕","妹","父"];
if (family.includes("妹")) {
  console.log("妹がいます");
}
```

includesメソッドのイメージ

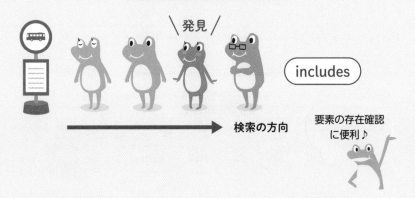

\発見/

includes

検索の方向

要素の存在確認
に便利♪

includes(["母", "父"])のように複数の値をまとめて検索すること
はできませんが、for文などで全ての要素を調べなくても済むので便
利です。

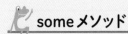 ## someメソッド

someメソッドは、配列の各要素に対して1回ずつ判定用の関数
を実行し、少なくとも1つ以上の要素が判定に合格するかどうかを
boolean型で返します。関数に渡される要素番号と元の配列は省略可
能です。

 書式

```
Array.some(関数(要素, 要素番号, 元の配列))
```

80点以上があるかどうか判定する

```
const score: number[] = [65, 70, 90, 85];
const x: boolean = score.some(function (e) {
  return e >= 80;
});
```

eにはscoreの要素がひとつずつ順番に代入され、eが80以上の
とき判定用の関数はtrueを返します。その結果、ひとつでも判定が
trueになる要素があればxはtrueになります。

someメソッドのイメージ

不合格　不合格　合格　合格

65　70　90　85

some

80以上なら合格

判定用の関数

1つでも判定に
合格するかどうかを
調べるよ

findメソッド

findメソッドは、配列の各要素に対して1回ずつ判定用の関数を
実行し、判定に合格した最初の要素を返します。関数に渡される要
素番号と元の配列は省略可能です。判定に合格した要素がなければ
undefinedを返します。

書式

> Array.find(関数(要素,要素番号,元の配列))

80点以上があれば最初の1個を取り出す

```
const score: number[] = [65, 70, 90, 85];
const x: number | undefined = score.find(function (e) {
 return e >= 80;
});
```

```
console.log(x); // => 90
```

メソッドが返す値を
受け取るxの型注釈に注意

　判定に合格する要素は90と85の2つですが、最初の要素は90なので、xは90になります。

> **Point!**
> findメソッドは判定の結果により元の配列要素の型かundefinedのいずれかを返すので、xの型注釈はユニオン型や型エイリアスを使って「元の配列要素の型またはundefined」としなければなりません。

findIndexメソッド

　findIndexメソッドは、配列の各要素に対して1回ずつ判定用の関数を実行し、判定に合格した最初の要素の位置（0から始まる要素番号）をnumber型で返します。関数に渡される要素番号と元の配列は省略可能です。判定に合格した要素がなければ-1を返します。

書式

```
Array.find(関数(要素, 要素番号, 元の配列))
```

80点以上があれば最初の1個の位置を取り出す

```
const score: number[] = [65, 70, 90, 85];
const x: number = score.findIndex(function (e) {
  return e >= 80;
```

```
});
console.log(x); // => 2
```

　判定に合格する最初の要素は90で、先頭から3番目（要素番号でいうと2）にあるので、xは2になります。

filterメソッド

　filterメソッドは、配列の各要素に対して1回ずつ判定用の関数を実行し、判定に合格した要素だけを含む新しい配列を生成して返します。判定に合格した要素がなければ空の配列[]を返します。

書式

```
Array.filter(関数(要素, 要素番号, 元の配列))
```

80点以上だけを抜き出して新しい配列にする

```
const score: number[] = [65, 70, 90, 85];
const x: number[] = score.filter(function (e) {
  return e >= 80;
});
console.log(x); // => [90, 85]
```

新しい配列を
生成するよ

　判定に合格する要素は90と85の2つなので、xは[90, 85]になります。

> **Point! filter は非破壊的メソッド**
> filterメソッドは新しい配列を生成するので、xの中身を書き換えても
> listの内容は変わりません。

sortメソッド

　sortメソッドは、比較関数が返す値に応じて配列要素を並べ替えます。

書式

```
Array.sort(比較関数(比較対象a, 比較対象b))
```

　比較関数には比較対象の要素が2つ渡されます（aとb）。比較関数にはaとbの大小を比較する処理を記述し、負の数を返すとaはbよりも前に並びます（大きい順になる）。正の数を返すとaはbよりも後ろに並びます（小さい順になる）。

点数が高い順にソートする

```typescript
const score: number[] = [65, 70, 90, 85];
score.sort(function (a, b) {
  return b - a;
});
console.log(score); // => [90, 85, 70, 65]
```

mapメソッド

mapメソッドは、配列の各要素に対して1回ずつ加工用の関数を呼び出し、関数が返す値を要素とする新しい配列を生成して返します。関数に渡される要素番号と元の配列は省略可能です。

書式

Array.map(関数(要素, 要素番号, 元の配列))

平均点との差を求める

```
const score: number[] = [65, 70, 90, 85]; // 平均77.5点
const x: number[] = score.map(function (e) {
  return e - 77.5;
});
console.log(x); // => [-12.5, -7.5, 12.5, 7.5]
```

mapメソッドのイメージ

偏差を求める

元の配列

map

判定用の関数

-12.5 -7.5 12.5 7.5

新しい配列

新しい配列にマッピングするよ

indexOf メソッド

indexOf メソッドは、指定した値と同じ要素を配列の中から探し、最初に見つかった位置（0から始まる要素番号）を number 型で返します。該当する要素がなければ-1 を返します。検索開始位置を省略した場合、先頭の要素から検索します。

書式

```
Array.indexOf(検索する値, 検索開始位置)
```

妹が何番目にいるかを調べる

```typescript
const family: string[] = ["母", "僕", "妹", "父"];
console.log(family.indexOf("妹")); // => 2
```

indexOf メソッドのイメージ

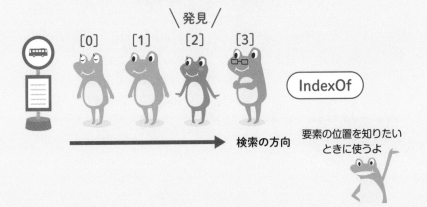

\発見/

[0]　　[1]　　[2]　　[3]

IndexOf

→ 検索の方向

要素の位置を知りたい
ときに使うよ

要素番号の使用例

関数に渡される要素番号を省略せずに記述すると、for文の繰り返しと同様にループカウンタとして使うことができます。次の例題を読み解いてみましょう。

xの中身はどうなる？

```typescript
const score: number[] = [65, 70, 90, 85];
const subject: string[] = ["国語", "数学", "理科", "社会"];
const x: string[] = score.map(function (e, i) {
  return subject[i] + ":" + e + "点";
});
console.log(x);
// => ['国語:65点', '数学:70点', '理科:90点', '社会:85点']
```

mapメソッドは点数の配列scoreを繰り返しますが、要素番号のiを使って教科の配列subjectの要素を取り出して、点数と連結して文字列にしています。すると、新しい配列xの各要素は「教科名:N点」の書式になります。

要素番号iは必ずしもmapで繰り返している配列の要素を指すために使う必要はありません。この例のように、要素の順番を揃えていれば別の配列の要素を指すために使うこともできます。

↓

関数を学ぼう

関数定義

関数とは?

関数（かんすう）とは、ある程度まとまった処理に名前をつけて定義し、必要になったとき名前を呼ぶと実行できるようにプログラムを部品化したものをいいます。

たとえばジュースを作る場面をイメージしてみましょう。ミキサーに材料を入れて実行すると、ジュースが出来上がります。この場合、ミキサーはジュースを作る機能を備えた関数です。そして、ミキサーに投入する材料のことを**引数（ひきすう）**と呼び、出来上がったジュースのことを**戻り値（もどりち）**と呼びます。

関数のイメージ

1 材料=引数 　　　**2** ミキサー=関数 　　　**3** ジュース=戻り値

ジュースを作る関数と
みなせるよ

> Point!
> 引数と戻り値は必須ではありません。関数の役割によっては省略することもできます。

関数の書式

　関数を定義する書式は、引数と戻り値の有無に応じて次のように書き分けます。

● 引数なし、戻り値なし

　関数の呼び出し元から何も情報を受け取らなくても目的の処理が実行できて、なおかつ、処理の結果を呼び出し元に返す必要がない場合、次のように定義します。

書式

```
function 関数名(){
  処理;
}
```

引数も戻り値もないミキサー

材料がなくても動くけどジュースはできない

🟤 引数あり、戻り値なし

呼び出し元から受け取ったデータを使って処理を実行する関数は次のように定義します。

書式

```
function 関数名 (引数) {
  処理;
}
```

引数を受け取るミキサー

入れる材料によって
結果が変わる

🟤 引数あり、戻り値あり

呼び出し元から受け取ったデータを使って処理を実行し、何らかの結果を呼び出し元に返す関数は次のように定義します。

書式

```
function 関数名 (引数) {
  処理;
  return 戻り値;
}
```

Point!
return文を実行すると関数は終了するので、特別な理由がある場合を除き、return文は一番最後に記述します。

関数の具体例

　材料を受け取ってジュースを返す関数を定義してみましょう。関数の名前はmixer、引数の名前はfruits、戻り値はジュースの種類を表す文字列とします。

```
function mixer(fruits) {
  return fruits + "ジュース";
}
```

　たとえば引数が「りんご」の場合、mixer関数は次の順番に実行されます。❶関数を呼び出すとき「りんご」がfruitsに代入され、❷関数はfruitsを変数として利用して「りんごジュース」という文字列を作成します。この部分がmixer関数の実質的な処理です。❸作成した文字列を、関数の呼び出し元へ返します。

mixer関数のイメージ

入口から入ったデータを
加工して出口から出す
イメージだね

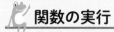 ## 関数の実行

　定義済みの関数名を記述すると、関数が起動して実行されます。さきほど定義したmixer関数を実行して、りんごジュースを作ってみましょう。

```
const juice: string = mixer("りんご");
console.log(juice); // => りんごジュース
```

　関数が実行される流れは次のようになります。

関数が実行される流れ

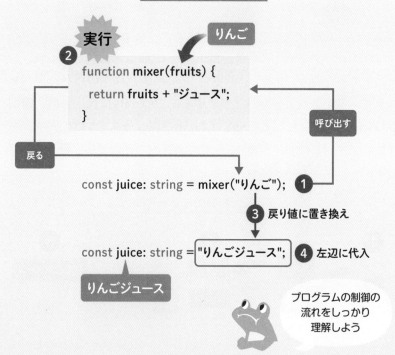

❶は代入文なので先に＝の右側（右辺）が実行されます。そのため、❷まずmixer関数にプログラムの制御が移り、関数の実行が終わると❶に制御が戻ってきて、❸関数が返した戻り値「りんごジュース」が右辺に置き換わり、❹左辺のjuiceに代入されます。

引数を変数や式で渡す

引数は値を直接渡すだけでなく、いったん変数に代入してから渡すこともできます。

変数に代入してから渡す

```
let apple: string = "りんご";
const juice: string = mixer(apple);
console.log(juice); // => りんごジュース
```

変数を関数に渡すとき、コンパイラは変数に入っている値が何であるかを調べ、「りんご」という文字列なのだと理解してから実際に渡します。この性質を利用すると、引数には式を記述することもできます。

式の計算結果を渡す

```
const juice: string = mixer("り" + "ん" + "ご");
console.log(juice); // => りんごジュース
```

この場合、コンパイラは「り」「ん」「ご」の3文字を連結して「りんご」にしてから関数に渡します。

> Point! 🐾 用語を覚えよう
> 式を計算することをプログラミング用語で「評価する」と言います。

🐊 仮引数と実引数

　関数を実行するとき渡す引数を実引数（じつひきすう）、関数が受け取る引数を仮引数（かりひきすう）と呼びます。単純に引数と呼ぶこともありますが、説明のために呼び分ける場合もあります。下の図は、実引数に文字列型の変数を渡した場合の流れを表しています。

引数が渡される流れ

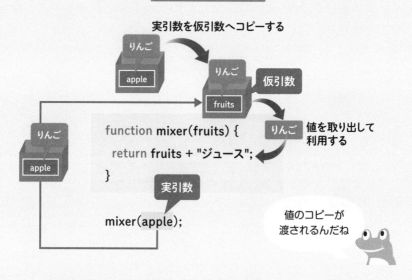

実引数を仮引数へコピーする

```
function mixer(fruits) {
    return fruits + "ジュース";
}
```

仮引数

値を取り出して利用する

実引数

mixer(apple);

値のコピーが
渡されるんだね

● 値渡しと参照渡し

　実引数から取り出した値が仮引数に代入されるので、関数内で仮引数の値を書き換えても実引数の値は変わりません。これを**値渡し**と呼びます。

　ただし、オブジェクトは例外です。JavaScriptではオブジェクトを実引数に指定するとコピーではなく参照が仮引数に代入されます。参照とは、プログラムの実行環境において変数の値が書き込まれているメモリ上の番地（アドレス）のことです。右の図は、この様子を配列（Arrayオブジェクト）を例として表したものです。

値渡しと参照渡し

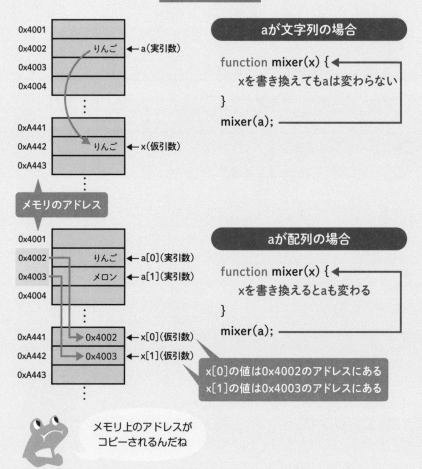

0x4001

0x4002　りんご ← a（実引数）

0x4003

0x4004

⋮

0xA441

0xA442　りんご ← x（仮引数）

0xA443

⋮

メモリのアドレス

aが文字列の場合

```
function mixer(x) {
    xを書き換えてもaは変わらない
}
mixer(a);
```

0x4001

0x4002　りんご ← a[0]（実引数）

0x4003　メロン ← a[1]（実引数）

0x4004

⋮

0xA441　0x4002 ← x[0]（仮引数）

0xA442　0x4003 ← x[1]（仮引数）

0xA443

⋮

aが配列の場合

```
function mixer(x) {
    xを書き換えるとaも変わる
}
mixer(a);
```

x[0]の値は0x4002のアドレスにある
x[1]の値は0x4003のアドレスにある

メモリ上のアドレスが
コピーされるんだね

　配列aを関数に渡すと、仮引数xはaと同じ番地を指すので、もしも関数内でxの要素の値や順番を変更すると、呼び出し元で宣言した配列aの中身も変わってしまいます。このように、値そのものではなく値が書き込まれているアドレスを渡すことを**参照渡し**と呼びます。

> Point! 配列は参照渡し
> 配列はオブジェクトなので参照渡しになります。

関数に複数のデータを渡す

関数に複数のデータを渡すには、次のような方法があります。

①引数をカンマで区切る
②データを配列に詰め込んで渡す
③残余引数を使う

●①引数をカンマで区切る

引数はカンマで区切るといくつでも渡すことができます。

```
function mixer(a, b) {
  return a + "と" + b + "のジュース";
}
// ミックスジュースを作る
const mixJuice: string = mixer("りんご", "melon");
console.log(mixJuice); // => りんごとメロンのジュース
```

2つのデータを
渡せる関数だよ

●②データを配列に詰め込んで渡す

同じ型のデータなら、配列に詰め込んで渡してもよいでしょう。

```
function mixer(x) {
  return x.join("と") + "のジュース";
}
// 材料を詰め込むための配列
```

```
let material: string[] = [];        // 空の配列
material.push("ケール");             // 配列に詰め込む
material.push("大麦若葉");           // さらに詰め込む
material.push("モロヘイヤ");          // もっと詰め込む
// 材料を関数に渡して実行
const greenJuice: string = mixer(material);
console.log(greenJuice);            // 青汁ができる！
```

> joinとpushは
> Chapter05参照

　配列を渡すようにすれば、引数を増やしたいとき関数の定義を修正しなくても済むので、柔軟性の高い関数になります。

●③残余引数を使う

　最後の引数に…をつけると、その位置にある残りの引数が全て配列に詰め込まれて関数に渡されます。これを**残余引数**と呼びます。

```
function mixer(a, ...x) {
  let juice: string = a;
  if (x.length > 0) {
    juice += " と " + x.join("と ");
  }
  juice += "のジュース";
  return juice;
}
```

　この関数の動作は②の関数と同じです。

関数の型注釈

 引数と戻り値の型注釈

　関数が受け取る引数のデータ型と呼び出し元に返す戻り値のデータ型を指定するには、次のように型注釈を記述します。

書式

```
function 関数名 (引数: データ型): データ型 {
 ・・・
}
```

　点数を数値型で受け取り、合否のメッセージを文字列型で返す関数を定義してみましょう。80点以上で合格とします。

引数と戻り値の型注釈

```
function scoring(score: number): string {
 if (score >= 80) {
  return "合格です";
 } else {
  return "不合格です";
 }
}
```

　型注釈した関数に誤った型の引数を渡すとコンパイルエラーになります。

引数のデータ型が誤っている場合

誤った代入を
防止できる

　戻り値を誤った型の変数に代入しようとした場合もコンパイルエラーになります。

戻り値を受け取るデータ型が誤っている場合

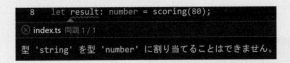

コンパイラが
検出して
くれるよ

　コンパイルエラーになってくれるおかげで、関数の呼び出しにおけるデータ型の曖昧さを排除し、プログラムが正しい型のデータを受け渡すことを保証できます。

戻り値を返さない関数

　関数が戻り値を返さないことを明確にしたい場合、void型という特別な型注釈を使います。void（ボイド）は「空っぽの」「中身がない」という意味です。

戻り値を返さない関数

```
function hello(): void {
  console.log("Hello");
}
```

　戻り値がvoid型の関数から戻り値を受け取るコードを記述すると、コンパイルエラーになります。

```
let result: string = hello();
```

戻り値の型エラー

```
4    let result: string = hello();
⊗ index.ts 問題 1 / 1
型 'void' を型 'string' に割り当てることはできません。
```

論理的なミスの
防止に役立つ

　実際には戻り値は存在しませんが、コンパイラは異なるデータ型への代入とみなすため、エラーになります。

任意のデータ型と互換する any 型

　any型という型注釈を使うと、どのような型とも相互変換が可能になります。

　たとえば、関数が受け取る引数を any 型にすると、どのような型の引数を渡してもコンパイルできてしまいます。一見すると、型の制限が緩くなるので汎用性が高まりそうですが、プログラムを実行したときにエラーが発生したり意図しない動作をする原因になります。次の例を見てみましょう。

```typescript
function scoring(score: any): string {
 if (score >= 80) {
  return "合格です";
 } else {
  return "不合格です";
  }
}
console.log(scoring(90));     // ①=> 合格です
console.log(scoring("90"));    // ②=> 合格です
console.log(scoring("90点")); // ③=> 不合格です
```

　型注釈が存在しないJavaScriptでは、文字列と数値を演算するとき、数値に変換できる文字列は暗黙的に変換されるので、②の場合は数値として比較されます（90>=80）。③の場合は数値に変換できないので、score>=80の判定結果がfalseになり、不合格になってしまいます。

　any型は関数だけでなく型注釈のさまざまな場面で使用できますが、TypeScriptを使う意義が損なわれてしまうので、なるべく使わないほうがよいでしょう。

03

引数の省略

引数の省略とデフォルト値

引数の型注釈の右側に「=デフォルト値」を記述すると、関数を呼び出すときにその引数を省略することができます。省略して呼び出した場合、デフォルト値が渡されたものとみなされます。これを**デフォルト引数**と呼びます。

書式

```
function 関数名 (引数: データ型 = デフォルト値) {
 ・・・
}
```

デフォルト値の動作イメージ

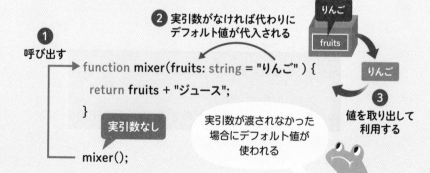

① 呼び出す

② 実引数がなければ代わりにデフォルト値が代入される

```
function mixer(fruits: string = "りんご") {
    return fruits + "ジュース";
}
```

実引数なし

```
mixer();
```

実引数が渡されなかった場合にデフォルト値が使われる

③ 値を取り出して利用する

● デフォルト引数が役立つ場面

同じ値を渡すことが多いと予想される場合、デフォルト引数を使うと、呼び出すたびに引数を記述しなくて済むので便利です。

次の関数は、引数に指定された文字列を出力しますが、引数を省略して呼び出すと「Hello」を出力します。

デフォルト引数の使用例

```typescript
function hello(message: string = "Hello") {
  console.log(message);
}
hello();          // => Hello
hello("こんにちは"); // => こんにちは
```

デフォルト引数の位置

デフォルト引数は、省略できない引数よりも右側に置かなければなりません。

```typescript
function mixer(a:string, b: string = "バナナ"): string {
  return a + "と" + b + "のジュース";
}
```

mixer("りんご")を実行すると、りんごとバナナのジュースになります。このときbには実引数が渡されないのでデフォルト値のバナナが代入されます。

もしもデフォルト引数を左側に置くと、問題が起こります。

```typescript
function mixer(a: string = "りんご", b: string): string {
  return a + "と" + b + "のジュース";
}
```

関数は問題なくコンパイルされますが、bにバナナを渡すつもりで
mixer("バナナ")を実行しようとするとコンパイルエラーになります。

引数の個数エラー

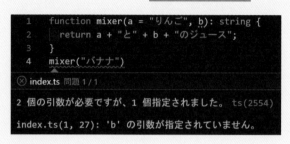

実引数は前から順番に仮引数へ代入されます。このコードはバナ
ナしか渡していないので、aにバナナが代入され、bに代入する値が
指定されていません。

どうしても1個目をデフォルト引数にしたい場合は、デフォルト
引数にundefinedを指定します。

```
mixer(undefined, "バナナ")
```

こうすると実引数と仮引数の個数が一致するので、コンパイルエ
ラーになりません。また、undefinedが渡された仮引数はデフォルト
値が使われるので、次のように関数を実行するとりんごとバナナの
ジュースができます。

```
const juice: string = mixer(undefined, "バナナ");
console.log(juice); // => りんごとバナナのジュース
```

undefinedを渡しているのになぜaにundefinedが代入されないの

か疑問を感じるかもしれません。それは次のように理解することができます。

　undefinedは未定義である状態を表す特別な値なので、undefinedを渡すと「何も渡していないのと同じ」とみなされます。「aには何も渡さず、bにはバナナを渡す」と解釈されます。aには関数の呼び出し元から値が渡されていないので、デフォルトのりんごが代入されます。

デフォルト引数の位置による違い

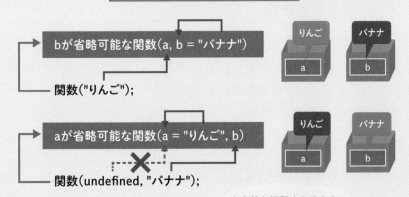

未定義と解釈されるから
デフォルト値が使われる
んだね

04

引数の分割代入

引数の分割代入

　配列の分割代入（112ページ）と同じように、関数の引数にも分割代入が使えます。関数の仮引数を［］で囲むと、実引数で渡した配列の要素が前から順番に代入されます。分割代入される仮引数の型注釈は［］の後ろに記述します。

書式

function 関数名 (［a, b］: データ型［]) {

　// aに配列名［0］、bに配列名［1］が代入される

}

関数名 (配列名);

　配列を仮引数aとbに分割代入する例を示します。

引数の分割代入

```
function addition([a, b]: number[]) {
 console.log(a + b); // a=1,b=10
}
addition([1, 10, 100]); // => 11
```

100は値を受け取る仮引数がないので無視されます。

途中の要素の分割代入

仮引数を囲む[]の中に、不要な要素の数だけカンマを記述すると、その部分に対応する実引数は関数に渡されずに破棄されます。

途中の要素を受け取らない

```
function addition([a, , b]: number[]) {
  console.log(a + b); // a=1,b=100
}
addition([1, 10, 100]); // => 101
```

1はaに代入され、100はbに代入されますが、10は対応する仮引数がないので破棄されます。

分割代入のイメージ

配列の分割代入
（112ページ）
と同じだね

分割代入のデフォルト引数

存在しない要素の分割代入（115ページ）と同じ理由で、引数の分割代入の場合も、値が代入されなかった仮引数にはundefinedが自動的に代入されます。

次のコードを実行すると、cは「宣言をしただけで初期値を代入していない変数」になるので、undefinedになります。そのため、a+b+cが計算できず、エラーになります。

実行時エラーになるパターン

```
function addition([a, b, c]: number[]) {
  console.log(a + b + c);
}
addition([1, 5]); // => NaN
```

cがundefinedだと
計算できないよ

> Point! 👀 NaN とは？
> NaN は「Not-a-Number」の略で、数値ではないことを表す特殊な値です。数値と undefined を演算すると NaN になります。

　このような場合、デフォルト引数を使ってエラーを回避すると関数の強度が高まります。分割代入の仮引数にデフォルト値を指定するには、仮引数の右側に「=デフォルト値」を記述します。デフォルト値と型注釈を記述する位置が156ページとは異なることに注意しましょう。

分割代入のデフォルト引数

```
function addition([a = 0, b = 0, c = 0]: number[]) {
  console.log(a + b + c);
}
addition([]);        // => 0 (a=0,b=0,c=0)
addition([1]);       // => 1 (a=1,b=0,c=0)
addition([1, 5]);    // => 6 (a=1,b=5,c=0)
addition([1, 5, 10]); // => 16 (a=1,b=5,c=10)
```

　このように全ての仮引数にデフォルト値を指定しても、実引数の
配列そのものを省略するとコンパイルエラーになります。

配列自体の省略はエラーになる

```
1    function addition([a = 0, b = 0, c = 0]: number[]) {
2      console.log(a + b + c);
3    }
4    addition();
```

⊗ index.ts 問題 1 / 1

1 個の引数が必要ですが、0 個指定されました。 ts(2554)

配列自体が省略できる
わけではないんだね

　これは、引数を省略するとデータ型が特定できないので、実引数
と仮引数のデータ型が一致していないことになるからです。

● 引数全体のデフォルト値

　引数全体を省略可能にしたい場合、型注釈の右側に配列形式でデ
フォルト値を記述します。

　2 つの数値を掛け算する関数を考えてみましょう。関数名を
multiple、仮引数をa,bとして、引数を省略した場合の計算結果を次
のように決めます。

❶引数を両方とも省略した場合は0にする
❷要素が空の配列を指定した場合も0にする
❸引数を1個だけ指定した場合は、1を掛けて元の値のままにする
❹引数を2個とも指定した場合はa * bにする

掛け算関数

```
function multiple([a = 0, b = 1]: number[] = [0, 0]) {
  console.log(a * b);
}
multiple();      // ❶ => 0 (a=0,b=0)
multiple([]);    // ❷ => 0 (a=0,b=1)
multiple([2]);   // ❸ => 2 (a=2,b=1)
multiple([2, 3]); // ❹ => 6 (a=2,b=3)
```

❶引数全体を省略した場合は[0, 0]がデフォルト値として使われ、a=0,b=0になります。そのため、計算結果は0になります。

❷の場合は引数全体を省略したわけではないので、[0, 0]ではなく[a = 0, b = 1]がデフォルト値として使われます。そのため、計算結果は0*1=0になります。

❸の場合も[a = 0, b = 1]がデフォルト値として使われますが、aには実引数の2が代入されるので、2*1=2になります。

❹の場合はデフォルト値は使われないので2*3=6になります。

少しややこしいので、図で確認しましょう。簡単に言うと、引数全体を省略した場合は型注釈の右側がデフォルト値として使われ、それ以外の場合はそれぞれの仮引数のデフォルト値が使われます。

使われるデフォルト値

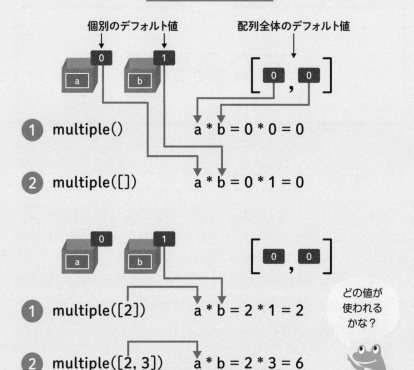

個別のデフォルト値　　　　配列全体のデフォルト値

① multiple()　　　a * b = 0 * 0 = 0

② multiple([])　　a * b = 0 * 1 = 0

① multiple([2])　　a * b = 2 * 1 = 2

② multiple([2, 3])　a * b = 2 * 3 = 6

どの値が
使われる
かな？

Point! デフォルト値の優先順位

実引数のいずれかを省略して関数を呼び出した場合は、該当する仮引数のデフォルト値が使われます（この場合、引数全体のデフォルト値は一切使われません）。実引数をすべて省略して関数を呼び出した場合は、引数全体のデフォルト値が使われます（この場合、それぞれの仮引数のデフォルト値は一切使われません）。

可変長引数

 個数が決まっていない引数

　個数が決まっていない引数を可変長引数と呼びます。最後の仮引数を残余引数（151 ページ）にすると、残りの引数は全て配列に格納されるので、引数を何個でも受け取れる関数になります。

　受け取るデータの個数が変わっても関数内のプログラムが変わらない場合に残余引数を使うと、引数の個数が違っても同じ関数を使い回せるので便利です。

可変長引数を受け取る関数

```typescript
function addition(a: number, ...b: number[]) {
  let total: number = a;
  for (const x of b) {
    total += x;
  }
  console.log(total);
}
addition(1);            // ① => 1 (a=1,b=[])
addition(1, 2);         // ② => 3 (a=1,b=[2])
addition(1, 2, 3, 4, 5); // ③ => 15 (a=1,b=[2,3,4,5])
```

b は関数内で
配列として扱えるよ

　①の場合、bは要素が1つも入っていない空の配列（b=[]）になります。そのため、for of文は1回も実行されず、totalは1になります。

> **Point! 残余引数の要素数**
> 残余引数に値が1個も供給されなかった場合、undefinedではなく空の配列になります。

\Column/

残余引数の利用例

　残余引数の性質を利用すると、数値を何個でも合計できる汎用的な関数を作成できます。

汎用的な合計関数

```
function sum(...a: number[]) {
  let total: number = 0;
  for (const x of a) {
    total += x;
  }
  console.log(total);
}
sum();          // => 0 (a=[])
sum(1, 2, 3, 4, 5); // => 15 (a=[1,2,3,4,5])

const x: number[] = [1, 2];
const y: number[] = [3, 4];
sum(...x, ...y); // => 10 (a=[1,2,3,4])
```

実引数が0個でも
動作するよ

関数式

 関数式

　関数を実行する方法は2つあります。ひとつは関数の定義を宣言してから呼び出す方法です（普通の定義方法）。

```
function hello () {
  console.log("Hello");
}
hello();
```

　もうひとつは、関数の定義を変数に代入してから呼び出す方法です。

```
const hello = function () {
  console.log("Hello");
}
hello();
```

　function(){...}の部分を**関数式**と呼びます。普通の定義方法との大きな違いは、function 関数名 ()ではなくfunction()と記述して、代入する変数名が関数の名前になる点です。

代入する変数名を変えると、別の名前で呼び出すこともできます。

```
const sayHello = function () {
  console.log("Hello");
}
sayHello();
```

　これは、関数の定義自体にはもともと名前が無く、変数に代入することで名前が備わることを意味しています。普通の定義方法は、関数を宣言すると同時に名前をつけていることになります。

関数式のイメージ

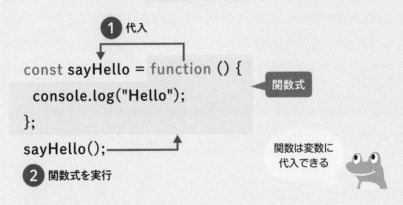

Point! 関数オブジェクト

関数式を代入した変数を関数オブジェクトと呼びます。関数オブジェクトは変数名と同じメソッドを持ちます。

アロー関数

 ## アロー関数とは?

　アロー関数は関数式をもっとシンプルな書式で記述できるように ES6で拡張された JavaScript の構文です。それ以前から使われてきた 普通の定義方法と比べると、プログラムの挙動が異なる点がいくつか ありますが、アロー関数で記述するとソースコードがシンプルになり 見通しがよくなるため、本格的な開発では当たり前のように使われて います。

　まずは簡単な例として文字列を出力する関数を見ていきましょう。

従来の関数とアロー関数

```
// 従来の関数定義
function hello (message) {
  console.log(message);
}


// 従来の関数式
const hello = function (message) {
  console.log(message);
}
```

```
// アロー関数
const hello = message => console.log(message);
```

　アロー関数はキーワードfunctionを省略するだけでなく、新しい
記号「=>」が登場したり、場合によっては関数の範囲を表す{}や戻り
値を返すキーワードreturnも省略できるなど、従来の関数定義や関
数式とは書式が異なる点がいくつもあります。慣れないうちはこれ
が関数に見えなくて、ソースコードの意味がわからず学習の障壁に
なるかもしれません。

　だからといって、全く別の構文ととらえて暗記するのは非効率で
す。プログラミングは丸暗記で身に付くものではありません。覚え
たことを実際の場面で使える（応用できる）ようになるためには、「こ
ういう理由だからこう書く」というように、ものごとの因果関係を理
解するプロセスを踏むことが重要だからです。
　アロー関数をしっかりと理解するために、従来の関数式から出発
して段階的にアロー関数へ変形していく流れを丁寧に読み進めてい
きましょう。

●①キーワードfunctionの省略
　アロー関数ではキーワードfunctionを省略します。JavaScriptの
実行環境はアロー関数を関数と認識するように作られているため、
functionを記述しなくても関数として実行できるからです。

functionの省略

functionを省略

```
const hello = function (message) {
  console.log(message);
}
```

```
const hello = (message) {
  console.log(message);
}
```

●②アロー演算子「=>」の追加

　仮引数を記述する()と関数の範囲を表す{}との間に「=>」を記述します。この記号は矢印のように見えることから**アロー演算子**と呼びます。アロー関数という名前の由来です。

アロー演算子「=>」の追加

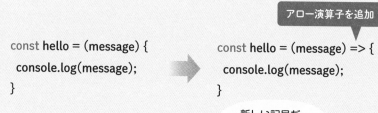

　この場所にアロー演算子を置くことで、実行環境はアロー演算子の左側が引数で、右側が関数の処理内容だということを理解することができます。アロー演算子が無いと構文として理解できないためエラーになります。

アロー演算子は必須

　①と②だけでアロー関数になりますが、さらに特定の場合だけ記述を短縮することができます。

● ③()の省略

引数を1個しか受け取らない関数は、引数を囲む()を省略できます。引数の無い関数や、引数が2個以上の関数は()を省略できません。

()の省略

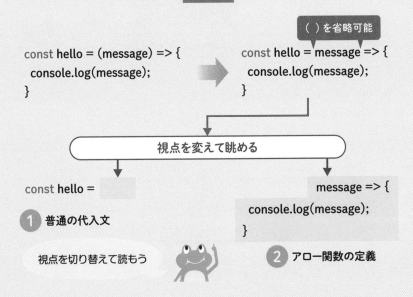

const hello = (message) => {
　console.log(message);
}

（　）を省略可能

const hello = message => {
　console.log(message);
}

視点を変えて眺める

const hello =

1 普通の代入文

視点を切り替えて読もう

message => {
　console.log(message);
}

2 アロー関数の定義

「=」と「=>」が似たような記号に見えて混乱するかもしれませんが、図のように、代入の部分とアロー関数の部分とで視点を変えて読むと理解しやすくなります。

● ④{}の省略

関数の処理が1行だけで済む場合は{}を省略できます（省略するかどうかは任意です）。

{}の省略

```
const hello = (message) => {
  console.log(message);
}
```

{ } を省略

処理内容の{}が
省略されて
いるんだね

```
const hello = (message) => console.log("Hello");
```

1行につなげると読みにくく感じる場合は、「=>」の後ろで改行することができます。「=>」の手前では改行できません。

改行によるフォーマット例

```
const hello = (message) =>
  console.log("Hello");
```

コンパイルエラー

```
const hello = (message)
  => console.log("Hello");
```

⑤returnの省略

{}を省略した場合、式の値をreturnしたことになります（暗黙の return）。たとえばHelloという文字列を返す関数があったとします。

従来の関数式

```
const message = function() {
  return "Hello";
}
```

これをアロー関数で記述すると、

return が省略可能

```
const message = () => "Hello"; // 暗黙の return
```

関数の処理が1行でも、{}を記述した場合は return を省略できません。

return が省略できない場合

```
const hello = () => {
  return "Hello";
};
```

```
const hello = () => {"Hello";};
```

 returnが必要

これは戻り値が
返らないからダメ

アロー関数の型注釈

アロー関数でも引数と戻り値の型注釈を記述できます。文字列を受け取って文字列を返す関数を、普通の関数定義、関数式、アロー関数で記述すると次のようになります。

普通の関数定義

```
function mixer(fruits: string): string {
  return fruits + "ジュース";
}
console.log(mixer("りんご")); // => りんごジュース
```

<u>**関数式**</u>

```
const mixer = function (fruits: string): string {
  return fruits + "ジュース";
};
console.log(mixer("メロン")); // => メロンジュース
```

<u>**アロー関数**</u>

```
const mixer = (fruits: string): string => {
  return fruits + "ジュース";
};
console.log(mixer("バナナ")); // => バナナジュース
```

● 型注釈が使えないケース

引数の()を省略した場合、引数も戻り値も型注釈が使えなくなってしまいます。次の記述はコンパイルエラーになります。

```
const mixer = fruits: string: string => {
  return fruits + "ジュース";
};
console.log(mixer("バナナ")); // => バナナジュース
```

<u>**コンパイルエラーになる**</u>

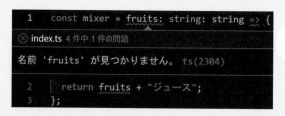

型注釈を記述すると
エラーになるよ

　()が無いと、コンパイラはどれが引数でどれが型注釈なのか特定できないからです。()が省略できる場合でも省略しないほうがよいでしょう。

> Point!
> 型注釈の無いJavaScriptでは()を省略できますが、TypeScriptで型注釈を使う場合は()を省略できません。

アロー関数の例

　137ページのsortメソッドをアロー関数で書き換えてみましょう。sortメソッドは引数として関数式を受け取るので、引数の部分をアロー関数で記述すると次のようになります。

```
// 通常の関数定義
score.sort(function (a, b) {
  return b - a;
});

// アロー関数
score.sort((a, b) => b -a);
```

スコープ

ローカルスコープとグローバルスコープ

　変数を直接見る（参照する）ことができる範囲のことをスコープ（scope：範囲）と呼びます。変数の有効範囲と言い換えてもよいでしょう。スコープは大きく分けるとグローバルスコープとローカルスコープの2つがあり、変数を宣言した場所で決まります。

● ローカルスコープ

　ローカルスコープは限られた範囲でのみ有効なスコープです。if文やfor文などの制御が及ぶ範囲を**ブロックスコープ**、関数の処理内容を記述する場所を**関数スコープ**と呼びます。また、ローカルスコープで宣言した変数を**ローカル変数**と呼びます。

ローカルスコープ

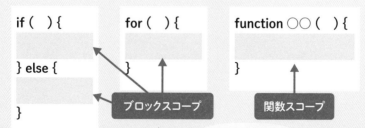

{}で囲まれた部分が
ローカルスコープ

● グローバルスコープ

どのローカルスコープにも含まれない場所（ローカルスコープ以外の場所）で宣言した変数はプログラムのどこからでも参照できるグローバルスコープに入り、これを**グローバル変数**と呼びます。

ローカル変数は、自分自身が宣言されたローカルスコープの外側（グローバルスコープや他のローカルスコープ）からは参照できませんが、グローバル変数はどのスコープからも参照できます。次の図はこの様子を表しています。

変数のスコープ

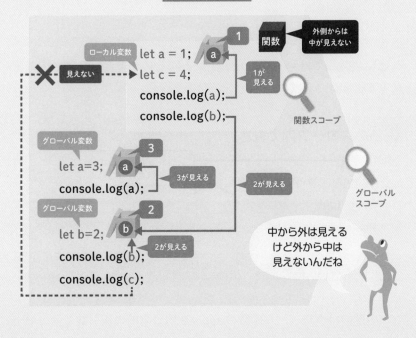

スコープを読み解く

　一度宣言した変数を同じスコープ内で再度宣言することはできません。関数の仮引数は{}の関数スコープに入るので、仮引数と同じ名前の変数を関数内で宣言するとエラーになります。

● 同じスコープ内で宣言

```
function hello(message: string) {
 let message: string = "Hello"; // エラー
 console.log(message);
}
```

　逆に、関数の外側で宣言した変数と同じ名前の変数を関数内で宣言することはできます。

● 別のスコープ内で宣言

> スコープが異なるので
> 別の変数とみなされる

```
const apple: string = "りんご";
function appleJuicer(apple: string) {
 console.log(apple + "ジュース");
}
appleJuicer(apple); // => りんごジュース
```

　この関数はグローバル変数のappleを同じ名前の仮引数で受け取っていますが、この2つの変数はスコープが異なるので問題なく動作します。これは、隣の町内にたまたま自分と同じ苗字の人が住んでいるようなもので、ソースコード上の変数名が同じでも実行環境の

メモリ上では別の場所にデータが保存されているためエラーになりません。

　次のコードは試験の平均点を出力するプログラムです。xが0だった場合の動作を確認するために、tryブロックの中でxを0に変更してみました。さて、③では何が出力されるでしょうか？

```typescript
let x: number = 10; // 受験者数
let y: number = 600; // 全員の合計点
try {
  let x: number = 0;
  // ①変数をチェック
  if (x === 0) {
    throw new Error("受験者数に0が入っています");
  }
  // ②平均点を出力
  let avg: number = y / x;
  console.log("平均点:" + avg);
} catch (e) {
  // ③受験者数を出力
  console.log("受験者数 =" + x);
}
```

参照

「受験者数=0」ではなく「受験者数=10」が出力されます。tryブロックで宣言したxはブロックスコープのローカル変数なので、1行目のx（グローバル変数）とは別の変数です。そして、catchブロックはtryブロックとはスコープが異なるので、③のxは①のxではなく1行目のxを参照します。そのため、③のxには10が入っています。

型ガード

 データ型に応じた分岐

　関数やif文などでUnion型（74ページ）の変数を扱うとき、データ型に応じて処理を変えたい場合があります。

　次の例は喫茶店で注文する関数です。お客さんがメニューの名前で注文したときは文字列を受け取り、メニューの番号で注文したときは数値を受け取ります。どちらの注文方法にも対応できるように、引数xは文字列と数値のUnion型にしています。

Union型の引数を受け取る関数

```
function order(x: string | number) {
 // xが文字列なら「○○を注文しました」と出力
 // x数値だったら「○○番のメニューを注文しました」と出力
}
```

　xが文字列の場合と数値の場合とで出力の仕方を変えるには、typeof演算子（80ページ）を使って変数のデータ型を判定します。

```
function order(x: string | number) {
 if (typeof x === "string") {
  console.log(x + "を注文しました");
```

```
} else if (typeof x === "number") {
  console.log(x + "番のメニューを注文しました");
  }
}
```

このように、変数のデータ型を判定し、その結果に応じて処理を分けることを**型ガード**と呼びます。

型ガードのイメージ

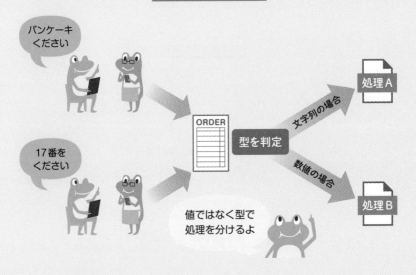

● データ型の特定

型ガードを使ったブロックスコープ内では、変数のデータ型が固定されます。order関数の仮引数xは、ifブロック内では文字列型とみなされるので、文字列オブジェクト（Stringオブジェクト）のプロパティやメソッドが使えます。

```
if (typeof x === "string") {
```

```
  console.log(x.trim() + "を注文しました");
}
```

trim は文字列オブジェクトに備わっているメソッドで、文字列の前後にスペースがあれば取り除きます。

 ## 型ガード関数

typeof を使う代わりに、型を判定するための関数を作ってみましょう。

型判定の関数

```
function isString(x: string | number): boolean {
 return typeof x === "string"; // 文字列型なら true を返す
}
function isNumber(x: string | number): boolean {
 return typeof x === "number"; // 数値型なら true を返す
}
```

これらを使って typeof を置き換えると次のようになります。

```
function order(x: string | number) {
 if (isString(x)) {
  x = x.trim(); // コンパイルエラー
  console.log(x + "を注文しました");
 } else if (isNumber(x)) {
  console.log(x.toString() + "番のメニューを注文しました");
 }
}
```

　typeofを使った場合はコンパイラは文脈からifブロック内のxは文字列オブジェクトであると判断してくれますが、関数だとそのような類推がはたらきません。isString関数がtrueを返すのはxが文字列型の場合だということまでコンパイラは読み解いてくれないからです。そのため、コンパイラはorder関数のスコープ内でxは仮引数の型注釈のとおり「文字列型か数値型のどちらか」であるとみなします。すると、もしもxが数値型だったらtrimメソッドは使えないので、コンパイラはエラーとみなします。

　一方、toStringは文字列オブジェクトにも数値オブジェクトにも備わっているメソッドで、値を文字列に変換します。xの型がどちらであっても実行できるため、コンパイルエラーになりません。

　型判定の関数の戻り値を次のように記述すると、typeofを使った場合と同様に、関数の呼び出し元へxのデータ型が伝わり、ifやelse ifのブロック内でxのデータ型に応じたメソッドが使えるようになります。これを**型ガード関数**と呼びます。

型ガード関数

```
function isString(x: string | number): x is string {
  return typeof x === "string"; // 文字列型なら true を返す
}
function isNumber(x: string | number): x is number {
  return typeof x === "number"; // 数値型なら true を返す
}
```

> **Point!** 型ガード関数の戻り値
> 戻り値の型注釈を「仮引数 is データ型」にすると型ガード関数になります。

暗黙の型変換

これまでの解説で数値型の変数をそのまま文字列と連結する場面がありました。本当はtoStringメソッドなどを使って明示的に文字列に変換してから連結するべきですが、そうしなくてもエラーになりません。

暗黙の型変換

```
let score: number = 80;
console.log(score + "点"); // => 80点
//console.log(score.toString() + "点"); // 本来はこうするべき
//console.log(String(score) + "点"); // またはこうする
```

scoreは数値型なのでそのまま文字列と連結できないはずですが、暗黙の型変換がはたらいて数値の80が文字列の"80"に変換されるのでコンパイルエラーになりません。

JavaScriptの実行環境が気を利かせてエラーを回避してくれているように感じられるかもしれませんが、勝手に型変換が行われてしまうと、プログラムはそのまま次の処理へ進んでいくため、予期せぬ不具合（バグ）を生み出す原因になります。

```
console.log(1 + "2"); // => "12"（3にならない！）
```

これはプログラミングのマナーとしてはとても行儀が悪いことです。なるべく暗黙の型変換に任せずに、変数を使う全ての場面でデータ型を明確にするべきです。

Chapter 07

ストップウォッチを
作ろう

完成イメージ

ブラウザで動くストップウォッチ

　ここまで学んできたプログラムは全てターミナル上で実行するものばかりでしたが、実際のアプリケーションはブラウザの画面に何かを表示したり動かしたりするものがほとんどです。そこで本章では、HTMLで画像を埋め込んだページにTypeScriptを使ってストップウォッチの機能を備えたアプリケーションを実装する流れを解説します。ただし、ブラウザに搭載されているのはJavaScriptを実行するエンジンなので、TypeScriptで作成したプログラムをコンパイルしてJavaScriptに変換したものをページに読み込みます。

アプリケーションの構成

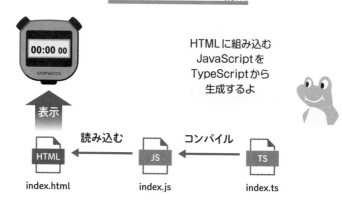

アプリケーションの機能説明

完成イメージ

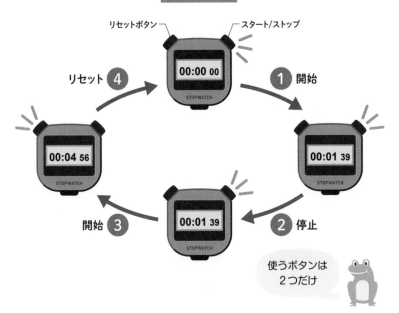

　アプリケーションの機能はとてもシンプルです。このストップウォッチは左右にボタンがついています。❶右のボタンをクリックするとカウントが始まり、❷もう一回クリックすると一時停止します。❸さらにもう一回クリックすると一時停止が解除されてカウントが再開します。❹左のボタンをクリックすると、時間の表示が0に戻ってカウントが停止します。

　時間は「分:秒 ミリ秒」の形式で表示し、最大で「59:59 99」まで計測できます。ミリ秒は1/100秒の位まで表示します。たとえば0.1秒は10、0.56秒は56と表示します。

ワークスペースの作成

 サンプルのダウンロード

秀和システムのHP（https://www.shuwasystem.co.jp/）で本書を検索するとサポートページのリンクがあるので、サポートページへ移動してサンプルをダウンロードしましょう。

サポートページのダウンロードコーナー

ダウンロード

以下をクリックすると、ダウンロードが始まります。

サンプルファイルのダウンロード	
一括ダウンロード	⬇ ダウンロード

ここからダウンロードしよう

ダウンロードしたZIPファイルを解凍したら、適当なディレクトリに配置します。本書では次の場所に配置したものとして解説します。

C:\sample\stopwatch\develop
C:\sample\stopwatch\release

サンプルのディレクトリ構成

　解凍したフォルダーに以下のファイルが入っていることを確認しましょう。

サンプルのディレクトリ構成

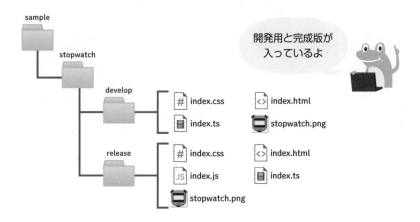

develop には開発に使う空のファイルだけが入っています。release にはアプリケーションの完成版が入っているので、開発中に動作がおかしいときやコンパイルエラーで行き詰ったときに参照してください。

　なお、develop には JavaScript のファイルがありませんが、TypeScript をコンパイルすると自動的に生成されるので問題ありません。

 ## ワークスペースの作成

　VS Code を起動し、「ファイル（F）>フォルダーをワークスペースに追加…」を選択します。

フォルダーをワークスペースに追加する

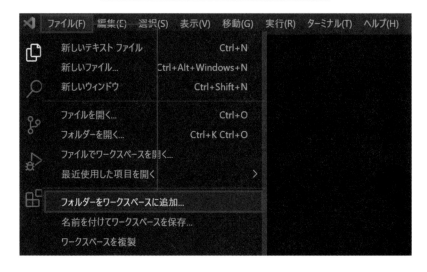

ダイアログが開くので、stopwatch フォルダーを選択します。

追加したいフォルダーを選択する

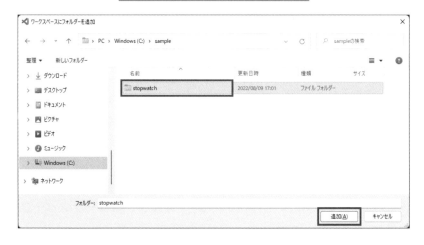

　自動的にエクスプローラーが開き、開いたフォルダーに含まれる
ファイルやサブフォルダーが表示されます。

エクスプローラーの表示

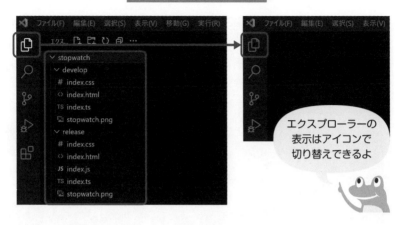

エクスプローラーはアイコンをクリックすると閉じたり開いたりできるので、開発中に邪魔だと感じたら閉じるとよいでしょう。

> Point! 🐾 ワークスペースとは？
> ワークスペースは複数のフォルダーを同時に開く機能です。開発用、公開用、テスト用など、複数のプロジェクトに分けて管理しているアプリケーションを開くときに便利です。

 ## ワークスペースの保存

「ファイル（F）>名前を付けてワークスペースを保存…」を選択して、ワークスペースの設定を保存します。本書ではC:¥sample¥stopwatchに保存します。

ワークスペースを保存する

保存する名前は何でも構いません（例：stopwatch.code-workspace）。
次からはフォルダーを開く代わりにワークスペースを開けば同じ環境で
開発の続きができます。

ワークスペースから開く

「ファイル（F）>ファイルでワークスペースを開く…」からワークス
ペースの設定ファイル（*.code-workspace）を選択すると、ワークス
ペースの設定が読み込まれます。

ワークスペースから開く

ワークスペースの復元

イベント処理の基本

 イベントとは?

　プログラムの中で発生する様々なできごとをイベント（event）と呼びます。ブラウザで発生する主なイベントには次のようなものがあります。

ブラウザで発生する主なイベント

イベント名	イベントが発生するタイミング
load	ページに依存する全てのリソース（スタイルシートや画像など）の読み込みが完了したとき
scroll	画面や要素がスクロールしたとき
click	要素がクリックされたとき
dblclick	要素がダブルクリックされたとき
mousedown	要素の上でマウスのボタンが押されたとき
mousemove	要素の上をマウスのカーソルが移動しているとき
mouseup	要素の上でマウスのボタンが離されたとき
dragstart	ドラッグ操作を始めたとき
drag	ドラッグ操作が実行中のとき
dragend	ドラッグ操作が終わったとき
drop	要素がドロップ可能な場所にドロップされたとき

　たとえば、loadイベントは画面の描画に必要なテキストや画像な

どの読み込みが全て終わったタイミングで発生し、clickイベントは画面に描画されたHTML要素をクリックしたとき発生します。ブラウザは常にイベントの発生を監視しており、検知するとプログラムに通知を送ってくれます。

　通知を受け取るかどうかはプログラム側の任意ですが、通知を無視するとブラウザはイベントに応じた既定の動作をします。たとえばscrollイベントが発生したときは画面がスクロールしてスクロールバーが動きます。リンクに対してclickイベントが発生したときはリンク先のページに遷移します。

イベントの監視

　このように、イベントは主にユーザーの操作に反応して何らかの動作を引き起こすきっかけを提供してくれます。この仕組みを利用すると、ユーザーが何かの操作を行ったときにあらかじめ決まった処理を実行することができます。

イベントの発生を待ち受ける

　イベントが発生したときに何らかの処理を行うものを**イベントハ
ンドラ**と呼びます。イベントハンドラを関数として定義し、それを
addEventHandlerメソッドに渡して登録すると、イベントが発生し
たときブラウザが自動的に呼び出してくれます。

書式

---
element.addEventListener(イベント名,関数);
---

　elementはイベントの発生を監視したいHTML要素です。HTML
要素を取得するには、documentオブジェクトのquerySelectorメ
ソッドを使います。

書式

---
document.querySelector(セレクタ名);

　セレクタ名はHTML要素を特定するための情報で、要素名（HTML
タグの名前）、idの値、classの値の3つを使って表すことができま
す。最も簡単なのはidの値を使う方法です。startというidのHTML
要素を取得するには次のようにします。

```
const element = document.querySelector("#start");
```

　querySelectorメソッドは、取得したHTML要素をHTMLElement
という型のオブジェクトとして返すので、型注釈は次のようになり
ます。

```
const element: HTMLElement = document.querySelector("#star
t");
```

ところがこのコードはコンパイルエラーになります。

型の不一致でエラー

もしも画面に表示しているページのHTMLの中に、該当するidを持つ要素が存在しなかったら、querySelectorメソッドは失敗してnullを返すからです。

型注釈をHTMLElementとnullのユニオン型にすれば解決しますが、今度はaddEventListenerメソッドがコンパイルエラーになります。

nullかもしれないのでエラー

nullは何もないから
メソッドを呼び出せないんだね

querySelectorメソッドの戻り値がnullでないときだけaddEventListenerメソッドを実行するようにif文で判定すると、型ガード(182ページ)の機能がはたらいてコンパイルエラーになりません。

```
const element: HTMLElement | null = document.querySelector("
#start");
if (element !== null) {
  element.addEventListener("click", () => {/*処理*/});
}
```

　しかし、今から作るアプリケーションは必ずHTMLにスタートボ
タンを配置するので、戻り値がnullになることはありえません。こ
のような場合、変数名の後ろに「!」をつけると、その変数がnullでは
ないことをコンパイラに伝えることができます。その結果、型ガー
ドを使わなくてもコンパイルエラーになりません。

```
const element: HTMLElement | null = document.querySelector("
#start");
element!.addEventListener("click", () => {/*処理*/});
```

Point! 🐾 非アサーション演算子
データ型がTの変数の後ろに「!」をつけると、変数のデータ型がnullで
はなくTであることをコンパイラに明示できます（変数が数値型ならT
はnumber、文字列型ならTはstringを指します）。

　もっと早い段階でquerySelectorメソッドの戻り値に「!」をつけて
おくと、elementの型注釈からnullを外すことができます。

```
const element: HTMLElement = document.querySelector("#star
t")!;
element.addEventListener("click", () => {/*処理*/});
```

<u>イベントハンドラが呼び出される流れ</u>

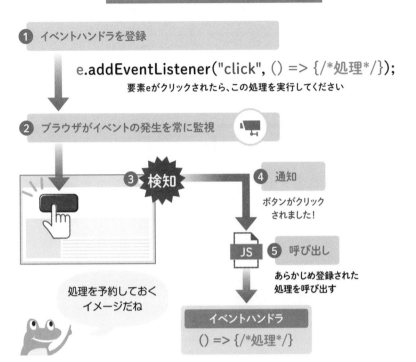

1 イベントハンドラを登録

e.**addEventListener**("click", () => {/*処理*/});

要素eがクリックされたら、この処理を実行してください

2 ブラウザがイベントの発生を常に監視

3 検知

4 通知

ボタンがクリック
されました！

JS **5** 呼び出し

あらかじめ登録された
処理を呼び出す

処理を予約しておく
イメージだね

イベントハンドラ

() => {/*処理*/}

タイマー処理の基本

 JavaScriptのタイマー処理

指定した時間だけ待ってからプログラムを実行するには、WindowオブジェクトのstimeoutメソッドとsetIntervalメソッドを使います。

書式

```
window.setTimeout(関数定義, 待機時間);
window.setInterval(関数定義, 待機時間);
```

実行したい処理を関数にして待機時間（単位はミリ秒）を指定してsetTimeoutメソッドを実行すると、待機時間が経過したとき関数が呼び出されます。setIntervalメソッドの場合は待機時間が経過するごとに関数が呼び出されます。関数定義をアロー関数で記述すると次のようになります。

```
// 1秒後に処理を1回だけ実行
window.setTimeout(() => {/*処理*/}, 1000);
// 1秒間隔で処理を何回も実行
window.setInterval(() => {/*処理*/}, 1000);
```

　Windowオブジェクトはブラウザのウィンドウそのものを表すオブジェクトで、ページが表示される領域（Documentオブジェクト）やブラウザの閲覧履歴（Historyオブジェクト）、コンソールを表すConsoleオブジェクトなど、多くのオブジェクトをプロパティに持つ最上位のオブジェクトです。

Windowオブジェクト

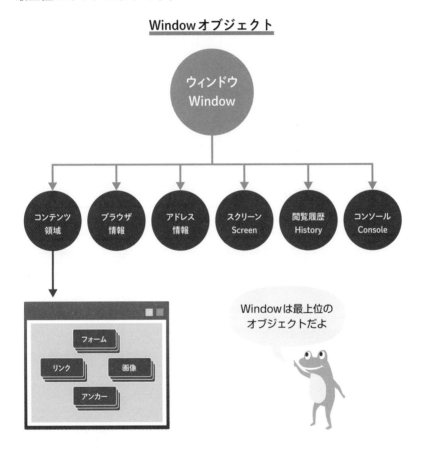

　Windowオブジェクトのプロパティやメソッドを使うときは、特別にオブジェクト名のwindowを省略することができます。

```
setTimeout(() => {/*処理*/}, 1000);
setInterval(() => {/*処理*/}, 1000);
```

　setTimeoutとsetIntervalを実行するとメモリ内に一時的なタイマーが生成されます。タイマーごとに待機時間を別々に管理できるように、それぞれのタイマーには識別番号が自動的に付与されます。これをタイマーIDと呼ぶことにしましょう。タイマーIDは、setTimeoutとsetIntervalの戻り値としてプログラムに返されます。

タイマーの開始

```
timerID = setTimeout(() => {/*処理*/}, 1000);
timerID = setInterval(() => {/*処理*/}, 1000);
```

 ## タイマーの停止

　setTimeoutで生成したタイマーを停止させるにはclearTimeoutメソッドにタイマーIDを渡します。setIntervalで生成したタイマーを停止させるにはclearIntervalメソッドにタイマーIDを渡します。

書式

```
clearTimeout(timerID);
clearInterval(timerID);
```

　タイマーは1つのプログラム内で複数生成することができるので、何番のタイマーを停止するかを引数のタイマーIDで指定することになっています。

タイマーの動作イメージ

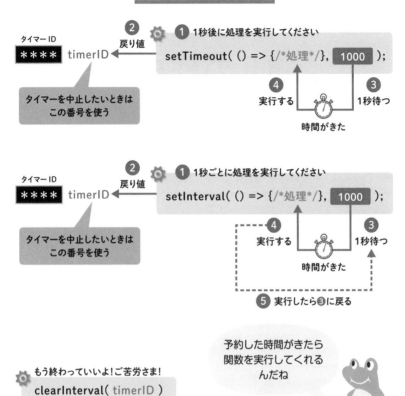

タイマーID
＊＊＊＊ timerID

タイマーを中止したいときは
この番号を使う

② 戻り値

① 1秒後に処理を実行してください

```
setTimeout( () => {/*処理*/}, 1000 );
```

④ 実行する
③ 1秒待つ
時間がきた

タイマーID
＊＊＊＊ timerID

タイマーを中止したいときは
この番号を使う

② 戻り値

① 1秒ごとに処理を実行してください

```
setInterval( () => {/*処理*/}, 1000 );
```

④ 実行する
③ 1秒待つ
時間がきた

⑤ 実行したら③に戻る

予約した時間がきたら
関数を実行してくれる
んだね

もう終わっていいよ！ご苦労さま！
```
clearInterval( timerID )
```

Point! コールバック関数

イベントハンドラやタイマーで処理する関数のように、後から呼び出し
てもらう関数のことをコールバック関数と呼びます。

UIの作成

HTMLの構造を決める

　ウェブページの画面は大小さまざまな四角形の集まりで構成されています。ひとつひとつの構成要素をHTML要素に割り当て、スタイルシート（CSS）で幅と高さと配置を設定することによって画面を作ります。ストップウォッチの描画要素を四角形に分けると図のように表せます。

四角形の組み合わせで構成する

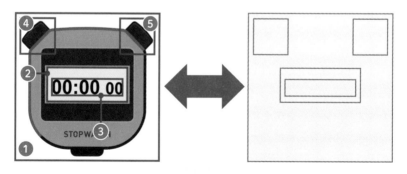

確かに四角形だけ
で構成できるね

　ひとつひとつの四角形をHTML要素に対応させると次のようになります。ここでは最も汎用的なdivタグを使い、文字を小さく表示する箇所だけsmallタグを使うことにします。ほとんどのHTML要素は開始タグ<div>と終了タグ</div>とで囲まれた範囲を持っているので、この範囲内に別のタグを配置すると、四角形の中に四角形を配置した入れ子の構造を表すことができます。

描画要素とHTMLの対応関係

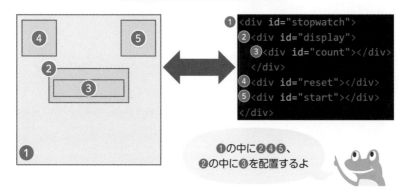

❶の中に❷❹❺、
❷の中に❸を配置するよ

　これらの描画要素には、querySelectorメソッド（198ページ）を使ってプログラムで取得できるように、id属性で名前をつけておきます。

 ## HTMLの作成

　では、プログラムの作成に移ります。まずはHTMLからです。index.htmlを次のように記述しましょう。

index.html

```
<!DOCTYPE html>
<html>
```

```html
<head>
 <meta charset="utf-8" />
 <title>ストップウォッチ</title>
 <link rel="stylesheet" href="index.css" />
</head>
<body>
 <div id="stopwatch">
  <div id="display">
   <div id="count"></div>
  </div>
  <div id="reset"></div>
  <div id="start"></div>
 </div>
 <script src="index.js"></script>
</body>
</html>
```

　link タグを使って、アプリケーションの描画スタイルを指定するためのスタイルシートを読み込みます。次に、ストップウォッチが入る部分を <body></body> の中に配置し、最後に script タグを使ってメインプログラムの index.js を読み込みます。

　こうすると、アプリケーションを構成するモジュールは図のような関係になります。実際にプログラムを記述するのは index.ts ですが、ブラウザが実行するのはこれをコンパイルしたとき生成される index.js です。

モジュールの関係

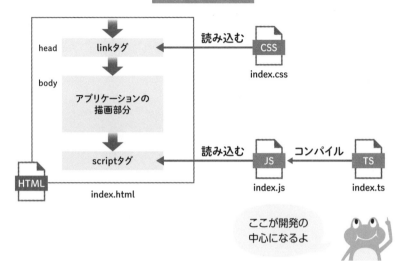

ここが開発の
中心になるよ

 CSSの作成

次に、アプリケーションの描画スタイルを作成します。index.css
を次のように記述しましょう。

index.css

```
/* ストップウォッチ */
#stopwatch {
  background-image: url(stopwatch.png);
  width: 480px;
  height: 540px;
  position: fixed;
  inset: 0;
  margin: auto;
}
```

> ストップウォッチと同じ大きさにして
> 背景に画像を描画する

```
/* ディスプレイ */ ─────────────────────┐  ディスプレイと同じ大きさ
                                        │  にして位置を重ねる
#display {

  position: absolute;

  top: 34%;

  left: 50%;

  transform: translateX(-50%);

  width: 280px;

  height: 100px;

  font: bold 70px / 1 "Arial";

  white-space: nowrap;

}


/* カウント表示部 */ ─────────────────┐  ディスプレイの中央に
                                      │  配置する
#count {

  position: absolute;

  top: 50%;

  left: 50%;

  transform: translate(-50%, -50%);

  font-size: 70px;

}


/* スタートボタン */ ─────────────────┐  ストップウォッチの右上に
                                      │  配置する
#start {

  width: 100px;

  height: 100px;

  position: absolute;

  top: 0;

  right: 0;

}
```

```css
/* リセットボタン */
#reset {
  width: 100px;
  height: 100px;
  position: absolute;
  top: 0;
  left: 0;
}
```

ストップウォッチの左上に
配置する

　ストップウォッチの画像は`<div id="stopwatch"></div>`の背景画像として描画します。

　それぞれの構成要素は、ストップウォッチの画像に重なるように幅と高さと位置を指定します。

構成要素の配置

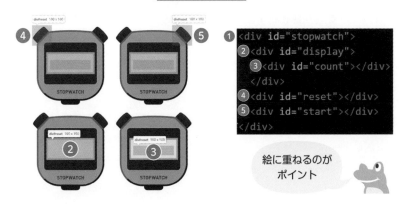

絵に重ねるのが
ポイント

　❷❹❺は❶の左上の隅を基準として相対配置し、❸は❷の左上の隅を基準として相対配置します。

＼Column／

型推論

　TypeScriptでは、全ての変数を型注釈しなくても、式に登場する変数の
データ型によって式の結果のデータ型が推論されます。次の例は、数値型の
変数xと文字列型の変数yを使った式が型推論される様子を表しています。

```
let x: number = 10;
let y: string = "10";


let a = x + 2; // a = 12 （aは数値型と推論される）
let b = y + 2; // b = "102"（bは文字列型と推論される）
```

> 式に使われる変数の
> データ型をもとに推
> 論される

　型注釈しなくてもaが数値型と推論されるのは、数値と数値を演算した結
果は数値型になるからです。bが文字列型と推論されるのは、文字列と2を＋
演算すると文字列の連結になり、その結果は文字列型になるからです。この
性質を利用すると、式や引数などに使用する変数さえ型注釈しておけば、式
の結果や引数を受け取る変数は型注釈を省略できることになります。

　しかし、型注釈を省略すると間違った型のデータを代入するコードを書い
てしまったときコンパイルエラーにならず気付けないことがあるので、なる
べく省略せずに記述したほうがよいでしょう。

```
let a: number = x + 2; // aのデータ型も明記する
let b: string = y + 2; // bのデータ型も明記する
```

　また、本書では詳しく扱いませんが、オブジェクトのプロパティにも型推論がはたらきます。次のコードは、色・品種・価格の3つのプロパティを持つappleオブジェクトを宣言しています。appleの文字にマウスカーソルを重ねると、型推論によって各プロパティのデータ型が自動的に判別されます。

オブジェクトの型推論

```
1 ∨ const apple = {
2     color: "red",
3     name: "ふじ",
4     price: 150,
5   };
```

```
1   const apple = {
2     colo    const apple: {
3     name        color: string;
4     pric        name: string;
5   };            price: number;
6               }
```

　型エイリアス（78ページ）で定義したデータ型をオブジェクトの型注釈に使うと、型推論に任せず明示的な型指定が行えます。

明示的な型指定

```
1    type Apple = {          型エイリアス
2      color: string;
3      name: string;
4      price: number;
5    };
6
7    const apple: Apple = {
8      color: "red",
9      name: "ふじ",
10     price: 150,
11   };
```

プログラムの骨格

 プログラミングと料理の共通点

　料理をするとき、何も計画せずに作ろうとするとうまくいきません。まず何を作るかを決めて、必要な材料を揃えます。そして、材料を切る・焼く・味付けするといった大まかな工程をどのような順番で行えばよいかを決めてから、ひとつひとつの工程をより詳しく考えていきます。たとえば材料を切る工程では「玉ねぎは輪切りにする」「キャベツは千切りにする」、味付けの工程では「塩はひとつまみ」「醤油は小さじ1杯」といった具合に、作業の工程を詳細化していきます。

　プログラミングは料理と似ています。まず何を作るかを決めて、どのような材料があればアプリケーションとして成り立つかを考えます。たとえば「どのような変数が必要か？」「どのようなイベントを待ち受ける必要があるか？」「どのような役目の処理を関数にしておくか？」といったことを決めます。この時点では、まだ具体的なコードは書かずに「何をどのような順番でどのように処理するのか」をコメントで書き込んでおきます。これがプログラムの大まかな道筋になります。もしもコメントのとおりにプログラムが実行されたとき矛盾や間違いが起きることがわかったら、足りない工程がないか、順番が間違っていないかなどを点検して、道筋を修正します。それから具体的なコードを書いて道をつないでいきます。

プログラミングと料理

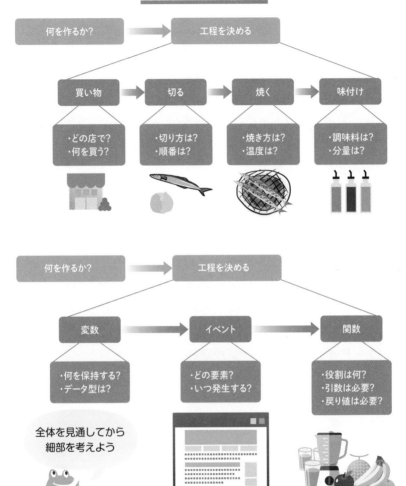

全体を見通してから
細部を考えよう

Point! アプリケーション作成のコツ
複雑なプログラムを組み立てるときは、まず大まかな道筋を作って全体
的な流れを見通してから細部を作っていくのがコツです。

右のフローチャートはプログラムの大まかな道筋を表したものです。まず最初に、プログラムが終了するまで常に保持しておかなければならないデータをグローバル変数として宣言し、初期値を設定します。

次に、どのイベントを監視して何を行うかをイベントハンドラとして設定します。ストップウォッチはイベントの発生をきっかけに処理を実行していくので、フローチャートもイベントごとに分けることができます。

ストップウォッチは3つのイベントをプログラムで処理します。ユーザーが操作するスタートボタンとリセットボタンのクリックイベントと、アプリケーションの画面（index.html）がブラウザに読み込まれたとき発生するロードイベント（読み込み完了イベント）の3つです。各イベントが発生したときプログラムで次のことを行います。

● ロードイベント（ページが読み込まれたとき）

一番最初に1回だけ必ず発生するイベントです。このイベントでは、ストップウォッチの初期画面（カウントが00:00 00）を描画する処理を行います。

● スタートボタンのクリックイベント

ボタンがクリックされたとき発生するイベントです。このイベントが発生したとき、タイマーのカウントを開始します。カウントしているときにクリックすると一時停止し、一時停止しているときにクリックするとカウントを再開します。

● リセットボタンのクリックイベント

　ボタンがクリックされたとき発生するイベントです。このイベントが発生したとき、もしタイマーのカウントが動いていれば停止させて、初期画面（カウントが00:00 00）の状態に戻します。

ストップウォッチのフローチャート

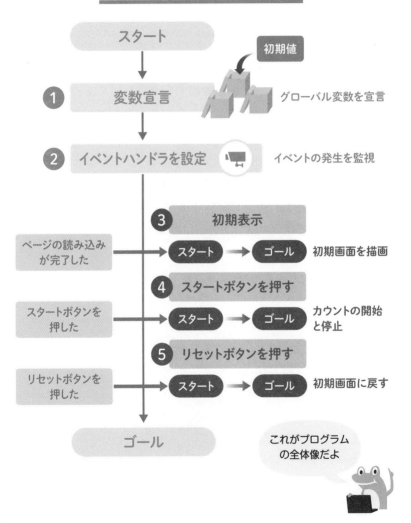

スタート

初期値

① 変数宣言　　　グローバル変数を宣言

② イベントハンドラを設定　　　イベントの発生を監視

③ 初期表示

ページの読み込みが完了した　　スタート → ゴール　初期画面を描画

④ スタートボタンを押す

スタートボタンを押した　　スタート → ゴール　カウントの開始と停止

⑤ リセットボタンを押す

リセットボタンを押した　　スタート → ゴール　初期画面に戻す

ゴール

これがプログラムの全体像だよ

❸〜❺のイベントが発生したときに実行する処理を予約するために、❷でイベントハンドラを設定します。

プログラムの記述場所を決める

フローチャートを参考に、プログラムを記述する場所を決めましょう。

①グローバル変数の宣言

原則としてプログラムの中で使用するグローバル変数は、なるべくプログラムの先頭付近で宣言します。どこからでも参照できる必要があるからです。

②イベントハンドラの宣言

イベントが発生したときに実行する関数の定義を記述する場所です。プログラムで扱うイベントの数だけ関数を記述します。

③イベントリスナーの設定

addEventListenerメソッド（198ページ）を使って、「どのHTML要素に」「どのイベントが発生したときに」「どの関数を実行するか」を結びつけるための設定を記述する場所です。addEventListenerメソッドを使って登録した関数のことをイベントリスナーと呼びますが、イベントハンドラと厳密な違いはありません。

④ユーザー定義関数

イベントハンドラ以外に自分で作成した関数の定義を記述する場所です。たとえばタイマーのカウントを停止させる処理は2つのボタンのどちらをクリックした場合にも実行しなければならないので、

それぞれのイベントハンドラの中に同じことを記述するよりも、自作の関数にしてどこからでも呼び出して実行できるようにしたほうが便利です。そのような処理はなるべくユーザー定義関数にしてイベントハンドラからコードを分離していきます。

index.ts

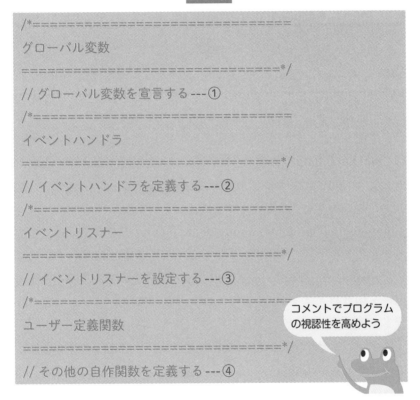

```
/*========================================
グローバル変数
========================================*/

// グローバル変数を宣言する ---①
/*========================================
イベントハンドラ
========================================*/

// イベントハンドラを定義する ---②
/*========================================
イベントリスナー
========================================*/

// イベントリスナーを設定する ---③
/*========================================
ユーザー定義関数
========================================*/

// その他の自作関数を定義する ---④
```

コメントでプログラム
の視認性を高めよう

> Point! 🐊 コメントコーディング
>
> プログラムで実行する処理の流れ（何を、どの順番で、どのように）をコメントを使って書き表すアプローチをコメントコーディングと呼びます。

変数の宣言

 グローバル変数を決める

　ストップウォッチにはディスプレイに表示するカウントの値を保持しておくための変数が必要です。カウントは数値型の変数（初期値は0）に保持しておき、表示する際に00:00 00の書式に直すことにしましょう。たとえばカウントが1000のときはちょうど1秒なので、00:01 00という書式に変換して表示します。

　タイマーの状態（動いているか停止しているか）を表す論理型の変数も必要です。最初は停止しているので初期値はfalseです。この変数がtrueかfalseかによって、スタートボタンをクリックしたときの処理を切り替えます（trueならカウントを一時停止、falseならカウントを再開）。

　タイマーを動かすためにsetIntervalメソッド（202ページ）を使うので、タイマーIDを保持するための変数を用意します。タイマーIDは数値なので、初期値を0にしておきます。

　これらのほかに、タイマーのカウントを表示するHTML要素や、スタートボタンとリセットボタンのクリックを受け付けるHTML要素も定数に保持しておきます。これらの要素はプログラムから頻繁にアクセスするので、その都度querySelectorメソッドで取得するのは非効率だからです。

　querySelectorメソッドの戻り値はHTMLElementとnullのユニオン型なので、HTMLElement型の定数に代入してもコンパイルエラーが起きないように非アサーション演算子（200ページ）を使います。

グローバル変数の初期化

```
/*========================================
グローバル変数
========================================*/

// スタートからの経過時間（ミリ秒）
let timeCount: number = 0;
// 計測状態（計測中:true、停止中:false）
let isRunning: boolean = false;
// タイマーの識別ID
let timerID: number = 0;
// カウント表示部
const elmCount: HTMLElement = document.querySelector("#count")!;
// スタートボタン
const elmStart: HTMLElement = document.querySelector("#start")!;
// リセットボタン
const elmReset: HTMLElement = document.querySelector("#reset")!;
```

グローバル変数を初期化しよう

スタートボタンを押すと増えていく変数

タイマーが動いてるかどうかを記憶させる変数

Point! キャメルケース
各単語の先頭を大文字してつなげる表記法を、ラクダ（Camel）のこぶになぞらえてキャメルケースと呼びます。

イベントリスナーの設定

 イベントに関数を割り当てる

ページの内容が完全に読み込まれたとき発生するイベントは Windowオブジェクト（203ページ）のloadイベントです。Window オブジェクトはブラウザ内部にwindowという名前で最初から存在し ているグローバル変数なので、次のようにイベントハンドラの関数 を割り当てます。

```
window.addEventListener("load", onPageLoad);
```

ボタンのクリックイベントはそれぞれのボタンを表すHTML要素 に対して発生するので、グローバルスコープに宣言した定数を使っ て割り当てます。

addEventListenerの第2引数に渡す関数は、あらかじめ定義した 関数名を渡すことができます。関数の中身が長くなりそうなときは イベントリスナーと関数を分けて記述したほうが見通しのよいプロ グラムになります。

また、関数はfunctionで宣言しても関数式（アロー関数も関数式 です）を代入した変数や定数を渡しても構いません。ここでは、イ ベントハンドラの関数とユーザー定義関数を明確に区別できるように、 「〜のとき」を意味するonをつけてonPageLoad（ページがロードさ

れたとき）、onStart（スタートしたとき）、onReset（リセットしたとき）と名付けることにしましょう。

イベントリスナーの設定

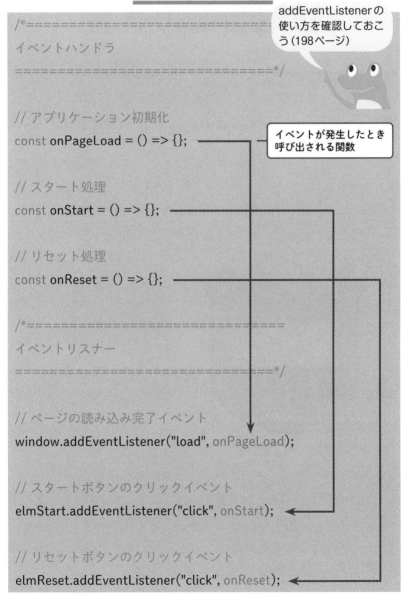

```
/*=====================================
イベントハンドラ
=====================================*/

// アプリケーション初期化
const onPageLoad = () => {};

// スタート処理
const onStart = () => {};

// リセット処理
const onReset = () => {};


/*=====================================
イベントリスナー
=====================================*/

// ページの読み込み完了イベント
window.addEventListener("load", onPageLoad);

// スタートボタンのクリックイベント
elmStart.addEventListener("click", onStart);

// リセットボタンのクリックイベント
elmReset.addEventListener("click", onReset);
```

addEventListenerの使い方を確認しておこう（198ページ）

イベントが発生したとき呼び出される関数

初期画面の実装

 アプリケーションの初期化処理

　index.htmlをブラウザで表示すると、ストップウォッチの画像しか表示されません。まだイベントリスナーを設定しただけで、タイマーのカウントを表示する処理を実装していないからです。

初期表示

最初はカウントが
表示されないよ

　では、どのタイミングでカウントを表示すればよいかというと、ロードイベントが発生したタイミング、つまりonPageLoad関数です。onPageLoad関数にカウントを表示する処理を追加すればよいのですが、スタートボタンをクリックしてカウントが進んでいるときも同じような処理を実行することになるでしょう。

　ロードイベントが発生したときはtimeCountの値が0なので00:00
00と表示しますが、カウントが進んでいるときは、そのときの
timeCountの値を「分:秒 ミリ秒」の形式に変換して表示します。ど
ちらの場合もtimeCountの値をもとに表示するので、timeCountの値
を「分:秒 ミリ秒」の形式に変換して表示するユーザー定義関数にしま
しょう。関数の名前をupdateViewとすると、次のようになります。

updateView関数

```
/*===============================================
ユーザー定義関数
===============================================*/

// 描画更新
function updateView() {/*処理*/}
```

　onPageLoad関数はupdateView関数を呼び出すだけにして、具体
的な処理はupdateView関数に全部任せてしまいましょう。

onPageLoad関数

```
// アプリケーション初期化
const onPageLoad = () => {
  // 描画を更新
  updateView();
};
```

 ## updateView関数

　updateView関数の中身を実装しましょう。まず、何をどのような
順番で行えばカウントの表示が更新できるか、道筋を考えてコメン

トコーディングしてみましょう。

処理の手順を考える

```
function updateView() {
  // timeCountの値を「分」に直す---①
  // timeCountの値を「秒」に直す---②
  // timeCountの値を「ミリ秒」に直す---③
  // ①②③をつないで「分:秒 ミリ秒」の形式にする---④
  // カウント表示部に④を表示する---⑤
}
```

①②③は算数を使いますが、いきなり変数を使った式を思いつくのは難しいので、具体的な値をあてはめて計算の法則を探りましょう。たとえば1分20秒50ミリ秒の瞬間は01:20:05と表示しますが、このときtimeCount の値はいくらでしょうか？　1分は60秒*1000=60000ミリ秒、20秒は20*1000=20000ミリ秒なので、timeCount=60000+20000+50=80050です。③は80050から下3桁を取り出せばよいので、80050を1000で割った余りを求めます。

```
timeCount % 1000;  // => 50
```

カウントは1/100秒の単位まで表示するので、このまま50と表示すると500ミリ秒の意味になってしまいます。05と表示するには、余りが3桁未満だったら0をつけ足して050のように3桁に直し、それから上2桁だけを取り出して05にします。そのためには余りを数値から文字列に変換して、文字列オブジェクトのpadStartメソッドとsliceメソッドを利用します。

```
(timeCount % 1000)
.toString()       // 数値の50を文字列の"50"に変換
.padStart(3, "0") // 3桁になるまで先頭に"0"を詰める => "050"
.slice(0, 2);     // 先頭から2番目までを取り出す => "05"
```

この結果は④で使うので、定数に代入して保持おきます。

「ミリ秒」を求める

```
const ms: string = (timeCount % 1000)
  .toString().padStart(3, "0").slice(0, 2);
```

次に②を考えましょう。まず、80050を1000で割った80.050
（秒）の小数点以下を切り捨てると80（秒）が求まります。つまり1
分と20秒です。小数点以下を切り捨てるにはMathオブジェクトの
floorメソッドを使います。

```
Math.floor(timeCount / 1000); // => 80
```

これを60で割った余りが秒になります。

```
(Math.floor(timeCount / 1000) % 60); // => 20
```

20秒の場合はこれをそのまま表示すればよいのですが、秒の部分
が0〜9だったら（2桁未満だったら）、0をつけ足して09のように2
桁に直し、それから上2桁だけを取り出して09にします。

秒が「9」の場合

```
(Math.floor(timeCount / 1000) % 60)
.toString()      // 数値の9を文字列の"9"に変換
.padStart(2, "0") // 2桁になるまで先頭に"0"を詰める => "09"
```

　この手順は、秒の部分が2桁だった場合に当てはめても正しい結果になります。

秒が「20」の場合

```
(Math.floor(timeCount / 1000) % 60)
.toString()      // 数値の20を文字列の"20"に変換
.padStart(2, "0") // 2桁になるまで先頭に"0"を詰める => "20"
```

　2桁以上の文字列にpadStart(2, "0")を実行しても変わりません。

「秒」を求める

```
const ss: string = (Math.floor(timeCount / 1000) % 60)
  .toString().padStart(2, "0");
```

　次に①を考えましょう。まず、80050を1000で割って80.050（秒）にして、さらに60で割って1.3425（分）にします。これの小数点以下を切り捨てると1（分）が求まります。これを2桁にして01と表示できるように、文字列型に変換してpadStartメソッドを使います。

```
Math.floor(timeCount / 1000 / 60)
.toString()      // 数値の1を文字列の"1"に変換
.padStart(2, "0") // 2桁になるまで先頭に"0"を詰める => "01"
```

「分」を求める

```
const mm: string = Math.floor(timeCount / 1000 / 60)
  .toString().padStart(2, "0");
```

　ところで、カウントの上限は59:59 99までです。このままだと60分を超えてしまいます。そこで、カウントが上限を超えないための制限を加える手順を考えましょう。

表示を59:59 99で止める

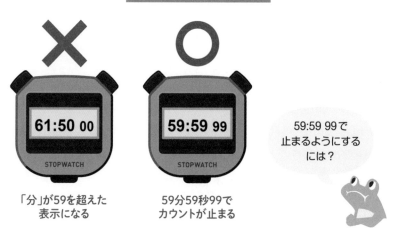

「分」が59を超えた
表示になる

59分59秒99で
カウントが止まる

59:59 99で
止まるようにする
には？

　もしtimeCountの値が59:59 99をミリ秒に直した60 * 60 * 1000 - 1を超えていたら、強制的にtimeCountを60 * 60 * 1000 - 1にします。

最大表示時間を超えない制限

```
if (timeCount > 60 * 60 * 1000 - 1) {
  timeCount = 60 * 60 * 1000 - 1; // 59:59 99にする
}
```

この制限を手順に追加しましょう。

修正した手順

```
function updateView() {
  // 最大表示時間を超えない制限
  // timeCountの値を「分」に直す --- ①
  // timeCountの値を「秒」に直す --- ②
  // timeCountの値を「ミリ秒」に直す --- ③
  // ①②③をつないで「分:秒 ミリ秒」の形式にする --- ④
  // カウント表示部に④を表示する --- ⑤
}
```

最後は ⑤ です。HTML要素の内容にアクセスするには HTMLElementオブジェクトのinnerHTMLプロパティを使います。 <div id="count"></div> を <div id="count">00:00 <small>00</small></div> にするには、次のようにします。

カウントの表示を更新する

```
elmCount.innerHTML = "00:00 <small>00</small>";
```

ここまでの手順をつなげると、updateView関数は次のようになります。

```
// 描画更新
function updateView() {
  // 最大表示時間を超えない制限
  if (timeCount > 60 * 60 * 1000 - 1) {
    timeCount = 60 * 60 * 1000 - 1; // 59:59 99にする
```

```
}
// 経過時間の「分」を求める
const mm: string = Math.floor(timeCount / 1000 / 60)
  .toString().padStart(2, "0");
// 経過時間の「秒」を求める
const ss: string = (Math.floor(timeCount / 1000) % 60)
    .toString().padStart(2, "0");
// 経過時間の「ミリ秒」を求める
const ms: string = (timeCount % 1000)
    .toString().padStart(3, "0").slice(0, 2);
// 表示する文字列を編集
const count: string =
    mm + ":" + ss + " <small>" + ms + "</small>";
// カウントの表示を更新
elmCount.innerHTML = count;
}
```

● コンパイルと動作確認

index.tsをコンパイルして初期表示を確認してみましょう。まず
VS Codeのターミナルを開き、カレントディレクトリを移動するcd
コマンドでdevelopディレクトリへ移動します。

```
cd C:¥sample¥stopwatch¥develop Enter
```

ターミナルを開いたときにカレントディレクトリの表示が変わっ
ていなければ次からはcdコマンドを実行する必要はありません。

次にtsコマンドを実行します。ES2022に準拠したJavaScriptに変

換されるように、--targetオプションにES2022を指定します。

```
tsc index.ts --target ES2022 Enter
```

以後、コンパイルは毎回このコマンドで行います。

TypeScriptをJavaScriptにコンパイル

 エラーが出なければ
成功だ

index.htmlをブラウザで表示してみましょう。カウントが00:00
00と表示されれば成功です。

初期表示の完成

\Column/

VS Code の拡張機能との競合に注意

　VS Codeの拡張機能「Live Preview」(316ページ)を使ってプレビューを表示するとき、ページの読み込み完了のイベントハンドラ名をonLoadやonloadにしていると、実行時エラーが発生してプログラムが正しく動作しません。

エラー発生時の状況

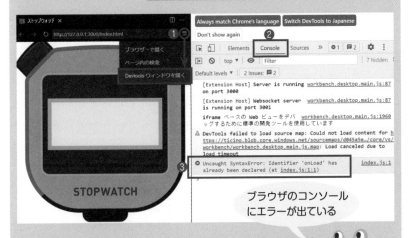

ブラウザのコンソール
にエラーが出ている

　プレビュー画面から❶Devtoolsウィンドウを起動して❷Consoleタブに切り替えると❸赤い文字のエラーメッセージが確認できます。

　原因は、Live Previewを構成するプログラムの内部でも同じ名前のonloadイベントハンドラがあり、関数の二重定義になってしまうためです。

　「on+イベント名」はハンドラ名によく使われる命名ですが、上記のようなプログラムの競合を避けるために本書ではonPageLoadという名前を使っています。

スタートボタンの実装

 ## カウントの開始と停止

　次はスタートボタンをクリックしたときに呼び出されるonStart関数を実装していきましょう。onStart関数は、カウントが止まっているときはカウントを開始し、カウントが動いているときは一時停止させなければなりません。カウントが止まっているかどうかは計測状態フラグ（グローバル変数のisRunning）の値をif文で調べれば判断できるので、手順を大雑把に書くと次のようになります。

onStart関数の手順

```javascript
// スタート処理
const onStart = () => {
 // 停止中の場合
 if (isRunning === false) {
  // タイマーを起動 --- ①
 }
 // 計測中の場合
 else {
  // タイマーを停止 --- ②
 }
```

```
};
```

　タイマーの起動と停止はsetIntervalメソッドとclearIntervalメ
ソッドを使います（202ページ）。①でsetInterval、②でclearInterval
を実行すればよいのですが、リセットボタンをクリックしたときも
タイマーを停止しなければならないので、②の処理はonStart関数の
中に直接記述するのではなく、ユーザー定義関数にして再利用でき
るようにしたほうがよいでしょう。そうすると、②だけ関数にする
のはバランスがよくないので①も関数にしたほうがよさそうです。
　①の処理をstartTimer関数、②の処理をstopTimer関数と名付け
ることにすると、onStart関数は次のようになります。

onStart関数の手順

```
// スタート処理
const onStart = () => {
 // 停止中の場合
 if (isRunning === false) {
  // タイマーを起動
  startTimer();
 }
 // 計測中の場合
 else {
  // タイマーを停止
  stopTimer();
 }
};
```

　onStart関数はstartTimer関数とstopTimer関数を呼び出すだけに

して、具体的な処理はこれらの関数に全部任せてしまいましょう。

startTimer関数とstopTimer関数をupdateView関数の下に追加しましょう。

ユーザー定義関数の追加

```
/*============================
ユーザー定義関数
============================*/

・・・（中略）・・・
// 計測スタート
function startTimer() {/*処理*/}

// 計測ストップ
function stopTimer(){/*処理*/}
```

 ## startTimer関数

startTimer関数がするべきことは2つです。setIntervalメソッドを使って1/100秒ごとにカウントの値を更新することと、計測状態フラグの値を変更することです。

startTimer関数

```
function startTimer() {
  // 指定された時間ごとにカウントを更新 ---①
  // 計測状態を「計測中」に変更 ---②
}
```

●①指定された時間ごとにカウントを更新

　1/100秒（＝10ミリ秒）ごとにカウントを増やしたいので、setIntervalの第2引数には10を指定します。そして、第1引数に指定する関数では、グローバル変数のtimeCountの値を10ミリ秒増やします。こうすると、10ミリ秒ごとにカウントが10ミリ秒ずつ増えていくことになります。また、setIntervalが返すタイマーIDは、タイマーを停止させるときに使うので、グローバル変数のtimerIDに保存しておきます。

1/100秒ごとにタイマーを実行

```
timerID = setInterval(() => {
  // 経過時間を加算
  timeCount += 10;
}, 10);
```

　いまこの状態でスタートボタンをクリックすると、timeCountの値は増えていきますが、画面の表示は何も変わりません。timeCountの値を00:00 00の書式に直して画面に反映するために、先ほど作成したupdateView関数を呼び出す必要があります。

1/100秒ごとに描画を更新

```
timerID = setInterval(() => {
  // 経過時間を加算
  timeCount += 10;
  // 描画を更新
  updateView();
}, 10);
```

②計測状態を「計測中」に変更

スタートボタンはストップボタンの役目を兼ねているので、もう一度クリックされたときonStart関数はifではなくelseの分岐を実行してstopTimer関数を呼び出さなくてはなりません。そのために、カウントがスタートしたらisRunningの値をtrueに変更します。

startTimer関数

```
function startTimer() {
  // 指定された時間ごとにカウントを更新
  timerID = setInterval(() => {
    // 経過時間を加算
    timeCount += 10;
    // 描画を更新
    updateView();
  }, 10);
  // 計測状態を「計測中」に変更
  isRunning = true;
}
```

これでカウントが増えていく様子が見えるようになったはずです。index.tsをコンパイルしたらindex.htmlをブラウザで表示して動作を確認してみましょう。

```
tsc --target ES2022 index.ts Enter
```

カウントが増えていく

本物みたいに
動くよ

stopTimer関数

　stopTimer関数がするべきことは2つです。clearIntervalメソッド
を使ってタイマーを停止させることと、計測状態フラグの値を変更
することです。

stopTimer関数

```
function stopTimer() {
  // タイマーを停止 --- ①
  // 計測状態を「停止中」に変更 --- ②
}
```

● ①タイマーを停止

　startTimer関数でグローバル変数timerIDに保存したタイマーID
をclearIntervalメソッドに渡すとタイマーが停止します。

タイマーを停止

```
clearInterval(timerID);
```

●②計測状態を「停止中」に変更

　もう一度クリックされたとき onStart 関数は else ではなく if の分岐を実行して startTimer 関数を呼び出さなくてはなりません。そのために、タイマーが停止したら isRunning の値を false に変更します。

stopTimer 関数

```
function stopTimer() {
  // タイマーを停止
  clearInterval(timerID);
  // 計測状態を「停止中」に変更
  isRunning = false;
}
```

　index.ts をコンパイルして動作を確認してみましょう。

```
tsc index.ts --target ES2022 Enter
```

　これで、スタートボタンをクリックするたびにカウントの開始と停止が交互に行われる様子が見えるようになったはずです。

カウントの開始と停止

関数宣言の巻き上げ

　ユーザー定義関数はindex.tsの一番最後（219ページ）で宣言しているにも関わらず、それよりも上で宣言しているイベントハンドラから呼び出すことができます。

　これは**巻き上げ**というJavaScriptの仕様によるもので、まだ宣言されていない関数を呼び出そうとすると、最も近い関数またはグローバルスコープの先頭へ関数宣言の位置が移動しているかのように解釈されます。

関数宣言の巻き上げ

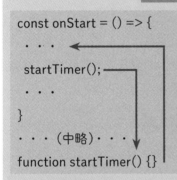

```
const onStart = () => {
 ・・・
   startTimer();
 ・・・
}
・・・（中略）・・・
function startTimer() {}
```

だから後で宣言した関数を呼び出せるんだね

　一方、functionを使った関数宣言ではなく関数式を使って宣言した関数（const foo = ()=>{...}）は巻き上げされないので、呼び出すよりも先に記述しなければエラーになります。

リセットボタンの実装

 カウントの停止と画面の初期化

　次はリセットボタンをクリックしたときに呼び出される onReset 関数を実装していきましょう。onReset 関数は、カウントが動いているかどうかに関係なくカウントを 0 に戻して停止させなければなりません。手順を大雑把に書くと次のようになります。

onReset 関数の手順

```
// リセット処理
const onReset = () => {
 // タイマーを停止 --- ①
 // カウントをリセット --- ②
};
```

　①タイマーの停止は先ほど作成した stopTimer 関数を呼び出し、②タイマーのリセットはグローバル変数 timeCount に保持しているカウントの値を 0 に書き換えればよいでしょう。②はたった 1 行の短い処理になりますが、timeCount=0 と記述するよりも resetCount というユーザー定義関数にして呼び出したほうがプログラムの意味が読み手に伝わりやすくなります。

resetCount関数をstopTimer関数の下に追加しましょう。

ユーザー定義関数の追加

```
/*===============================
ユーザー定義関数
===============================*/
・・・（中略）・・・
// カウントをリセット
function resetCount() {
  // 経過時間を初期化
  timeCount = 0;
}
```

● カウントの停止

ユーザー定義関数の呼び出しを記述するとonReset関数は次のようになります。

onReset関数

```
// リセット処理
const onReset = () => {
  // タイマーを停止
  stopTimer();
  // カウントをリセット
  resetCount();
};
```

さて、どうなるでしょうか？　コンパイルしてみましょう。

カウントの表示が初期化されない

00:00 00に戻らなければならない

リセットされない

どうしてだろう？？

おかしいですね。リセットボタンをクリックするとカウントは停止するので、間違いなくonReset関数は実行されているはずですが、画面の表示はリセットボタンをクリックした瞬間で止まってしまいます。本当は00:00 00に戻らなければなりません。

プログラムは嘘をつきません。必ず書いたとおりに動きますし、書いていない動きはしません。右の図はいま起こっていることを時間の流れに沿って表したものです。リセットボタンをクリックする直前のカウントは、最後にupdateView関数が実行された時点のカウントです。timeCountを0に戻した後はupdateView関数を呼び出していないので、直前の表示が残ったままになります。どうすればよいでしょうか？

● 画面の初期化

onReset関数の最後にupdateView関数を呼び出す手順を追加すればよいですね。

プログラムの流れと画面の表示

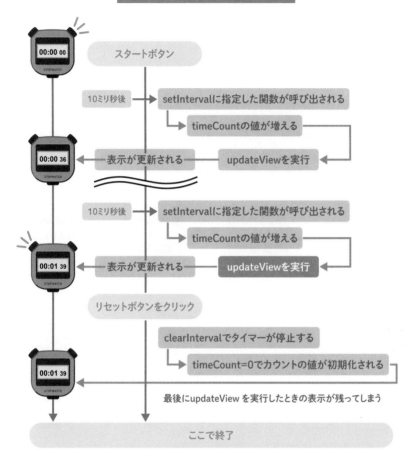

onReset関数

```
// リセット処理
const onReset = () => {
// タイマーを停止
stopTimer();
// カウントをリセット
```

```
resetCount();
// 描画を更新
updateView();
};
```

　これで完全に最初と同じ状態に戻るはずです。もう一度コンパイルして動作を確認してみましょう。

正しく動作するリセットボタン

計測開始　　カウントが増えていく　　カウントが初期値に戻る

ちゃんと表示が元に戻るよ！

　カウントの表示が00:00 00に戻れば成功です。アプリケーションは最初の状態に戻っているので、もう一度スタートボタンをクリックするとカウントが始まりますし、何回でも操作し続けることができます。

\Column/

応用にチャレンジしよう！

余力があれば、プログラムを改良して時刻を表示するモードを追加してみましょう。表示モードはリセットボタンをダブルクリックすると切り替わります。サンプルに完成版が同梱されているので、チャレンジしてみてください。

サンプル
sample¥stopwatch2¥

時計モードを追加したストップウォッチ

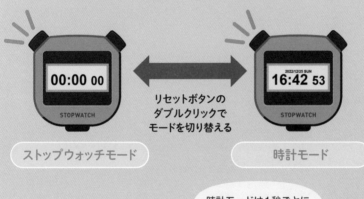

リセットボタンの
ダブルクリックで
モードを切り替える

ストップウォッチモード　　　　　　時計モード

時計モードは1秒ごとに
表示を更新するよ

● ヒント1

現在の日付や時刻を取得するにはDateオブジェクトを使います。使い方は公式ドキュメントを参照してください。

Date - JavaScript | MDN

https://developer.mozilla.org/ja/docs/Web/JavaScript/Reference/
Global_Objects/Date

● ヒント2

いまアプリケーションが時計モードとストップウォッチモードのどちらの
モードなのかをグローバル変数に保持しておきましょう。モードは2択なの
で、列挙型を使って宣言すると良いでしょう。

```
/*===================================
型定義
===================================*/

// 動作モード
enum MODE {
  Count, // ストップウォッチ
  Watch, // 時計
}


/*===================================
グローバル変数
===================================*/

// 動作モード
let appMode: MODE = MODE.Count;
```

ボタンをクリックしたときappModeの値を適切に変更し、画面を描画す
るときにappModeの値に応じた内容を表示するように考えてみましょう。

Chapter

08

↓

カレンダーを作ろう

完成イメージ

 万年カレンダー

　本章では月の切り替えが可能な万年カレンダーを実装する流れを解説します。

アプリケーションの構成

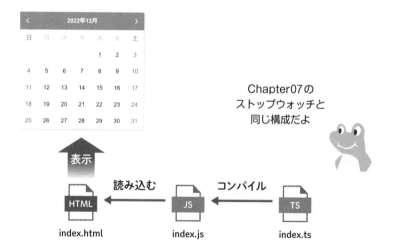

Chapter07の
ストップウォッチと
同じ構成だよ

アプリケーションの機能説明

❶アプリケーションの初期画面には当月のカレンダーを表示します。当月の日付を目立たせるために、前月と翌月の日付は薄いグレーで表示します。❷カレンダーの右上にあるナビをクリックすると翌月の表示に切り替わります。❸カレンダーの左上にあるナビをクリックすると前月の表示に切り替わります。

完成イメージ

2 翌月のカレンダーに切り替わる

翌月移動ナビ

〈			2022年12月			〉
日	月	火	水	木	金	土
27	28	29	30	1	2	3
4	5	6	7	8	9	10
11	12	13	14	15	16	17
18	19	20	21	22	23	24
25	26	27	28	29	30	31

1 当月のカレンダーを表示

初期表示

3 前月のカレンダーに切り替わる

前月移動ナビ

〈			2023年01月			〉
日	月	火	水	木	金	土
1	2	3	4	5	6	7
8	9	10	11	12	13	14
15	16	17	18	19	20	21
22	23	24	25	26	27	28
29	30	31	1	2	3	4

未来のカレンダーも
表示できるよ

ワークスペースの作成

 ## サンプルのダウンロード

秀和システムのHP（https://www.shuwasystem.co.jp/）で本書を検索するとサポートページのリンクがあるので、サポートページへ移動してサンプルをダウンロードしましょう。

サポートページのダウンロードコーナー

ここからダウンロードしよう

ダウンロードしたZIPファイルを解凍したら、適当なディレクトリに配置します。本書では次の場所に配置したものとして解説します。

C:¥sample¥calendar¥develop
C:¥sample¥calendar¥release

サンプルのディレクトリ構成

　解凍したフォルダーに以下のファイルが入っていることを確認しましょう。

サンプルのディレクトリ構成

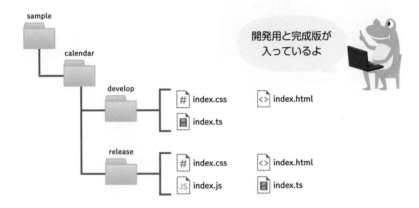

開発用と完成版が
入っているよ

　chapter07と同様に、developには開発に使う空のファイルだけが入っています。releaseにはアプリケーションの完成版が入っているので、開発中に動作がおかしいときやコンパイルエラーで行き詰ったときに参照してください。

 ワークスペースの作成

　❶VS Codeを起動して「ファイル(F)>フォルダーをワークスペースに追加…」を選択するとダイアログが開くので、❷calendarフォルダーを選択します。

ワークスペースの作成

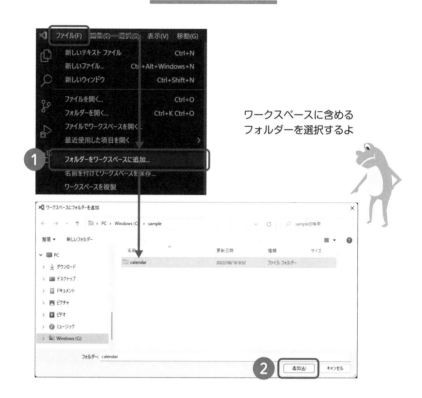

ワークスペースに含める
フォルダーを選択するよ

ワークスペースの保存

❶「ファイル(F)>名前を付けてワークスペースを保存…」を選択
して、ワークスペースの設定を保存します。本書ではC:¥sample¥
calendarに保存します。

<u>ワークスペースの保存</u>

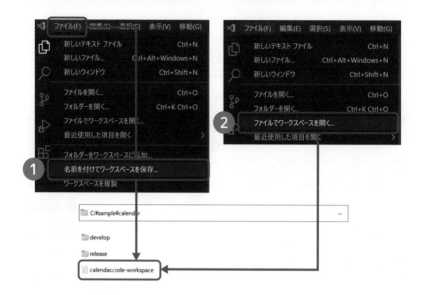

❷次からは「ファイル（F）＞ファイルでワークスペースを開く…」で
ワークスペースを開けば、同じ環境で開発の続きができます。

日付処理の基本

Dateオブジェクトとコンストラクタ

JavaScriptで日付を操作するにはDateオブジェクトを使います。Dateオブジェクトはnewで生成し、代入する際の型注釈はDateです。

書式

```
const date: Date = new Date();
```

オブジェクトを生成して返す特殊な関数をコンストラクタと呼びます。Dateオブジェクトのコンストラクタにはいくつかのバリエーションがあり、目的に応じて使い分けます。よく使うものを2つ紹介します。

```
// 現在の日時を持つオブジェクト --- ①
const now: Date = new Date();
// 2022年12月25日のオブジェクト --- ②
const xmas: Date = new Date(2022, 11, 25);
```

①引数を省略すると、その時点の日時を表すオブジェクトが生成されます。②引数に年月日（さらに後ろに時間、分、秒、ミリ秒が指

定可能）を指定すると、指定した日時を表すオブジェクトが生成されます。月は0から数えるので、11は12月を表します。

Dateオブジェクトの内部には、時間が止まった時計が入っています。この時計は最初、コンストラクタで指定された日時を指していますが、日時を操作するメソッドを実行することによって時計が指す日時を変更することができます。

Dateオブジェクトのイメージ

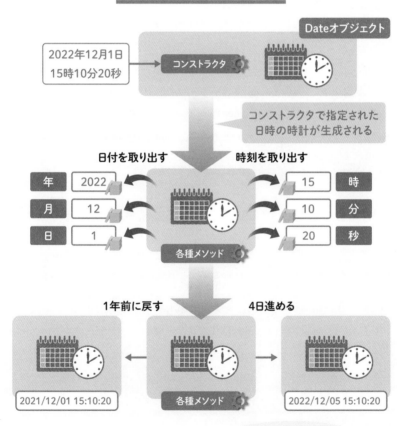

内部に日付と時刻を
持っているイメージだよ

日時を操作するメソッド

　Dateオブジェクトが表す日時を読み取るには、以下のメソッドを使います。

日時を読み取るメソッド

メソッド	説明
getFullYear()	年を4桁で返す（例：2022）
getMonth()	月（0〜11）を返す　※0は1月、1は2月、11は12月
getDate()	日（1〜31）を返す
getDay()	曜日（0〜6）を返す　※0は日曜日、6は土曜日
getHours()	時（0〜23）を返す
getMinutes()	分（0〜59）を返す
getSeconds()	秒（0〜59）を返す
getMilliseconds()	ミリ秒（0〜999）を返す
getTime()	1970年1月1日00:00:00からの経過時間をミリ秒単位の数値で返す
toLocaleString()	言語に合わせた日時の文字列を返す

　現在の日時（2022/12/25 9:15の場合）を読み取る例を示します。

```typescript
const now: Date = new Date(); // 現在の日時を表すオブジェクト
let year: number = now.getFullYear();  // year=2022
let month: number = now.getMonth();    // month=11
let date: number = now.getDate();      // date=15
let hours: number = now.getHours();     // hours=9
let minutes: number = now.getMinutes();// minutes=15
console.log(now.toLocaleString()); // => 2022/12/25 9:15:00
```

　Dateオブジェクトが表す日時を変更するには、以下のメソッドを使います。

日時を変更するメソッド

メソッド	説明
setFullYear(x)	引数で指定した年を設定する
setMonth(x)	引数で指定した月（0 〜 11）を設定する　※0は1月、1は2月、11は12月
setDate(x)	引数で指定した日（1 〜 31）を設定する
setHours(x)	引数で指定した時（0 〜 23）を設定する　※0は日曜日、6は土曜日
setMinutes(x)	引数で指定した分（0 〜 59）を設定する
setSeconds(x)	引数で指定した秒（0 〜 59）を設定する
setMilliseconds(x)	setMilliseconds(x)引数で指定したミリ秒（0 〜 999）を設定する

今日（2022/12/25 9:15の場合）から10日後に変更する例を示します。

```
const now: Date = new Date(); // 現在の日時を表すオブジェクト
date.setDate(now.getDate()+ 10); // 25+10=35 を渡す
console.log(now.toLocaleString()); // => 2023/1/4 9:15:00
```

> Point! 🐊
>
> setDate()に月末の日付を超える値を渡すと、超えた日数は翌月へ繰り越しされます。翌月が年末を越える場合は年も繰り上がります。

Dateオブジェクトの応用例

日付と時刻を操作するメソッドを組み合わせて、カレンダーに現れる重要な日付を取得してみましょう。

● ①今月の１日は何曜日？

　どの月も日付は１から始まりますが、月によって１日の曜日が異なるので、カレンダーの何列目から日付を表示していけばよいかをプログラムで判断するためには、「○年△月の１日は何曜日か？」を調べる必要があります。

１日の曜日を調べる必要がある

曜日がわかれば
何列目かわかるね

　まず、今日（2022/12/25の場合）を表すオブジェクトを取得します。

```
const date: Date = new Date(); // 2022/12/25を表す
```

　次に、setDate()メソッドを実行して2022/12/01に変更します。

```
date.setDate(1); // 2022/12/01を表す
```

　この状態でgetDay()メソッドを実行すると、2022/12/01の曜日（0〜6）が取得できます。

```
const day: number = date.getDay(); // dayは4になる
```

dayは4（＝木曜日）になるので、2022年12月のカレンダーは5列目から始まることがわかります。

●②今月は何日まで？

カレンダーの行数は、「①その月が何曜日から始まるか？」と「②その月は何日まであるか？」によって決まります。②を求めるには、setDate()メソッドの性質を利用します。

setDate()にxを渡すとその月のx日目を表すオブジェクトになりますが、0を渡すと前の月の末日を表すオブジェクトになります。

前月の末日を指す

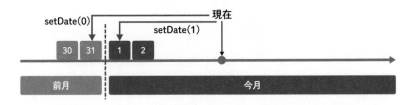

①setMonth()メソッドを使ってdateが1ヶ月先の日付を表すように変更してから②setDate(0)を実行すれば、今月の末日になります。

今月の末日を表す手順

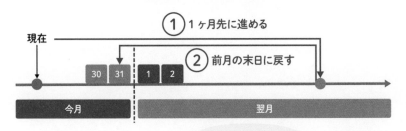

わざと1ヶ月先に進めておくのがポイント

この手順を実装するコードは次のようになります。

```
date.setMonth(date.getMonth() + 1);    // 1 ヶ月進める---①
number = date.setDate(0); // 2022/12/31---②
```

①②の順番で操作すると date は今月の末日を表すので、getDate()
メソッドで日付を取得すれば今月の日数が求まります。

```
const days: number = date.getDate(); // days=31
```

\Column/

オブジェクトを代入する際の型注釈

オブジェクトにはブラウザに最初から組み込まれているDocumentやDate
をはじめ、多くの種類があります。これらを変数に代入する際は、オブジェ
クトの種類に応じた型注釈を使います。

```
const date: Date = new Date();
```

なお、すべてのオブジェクトはobjectという基本のオブジェクトから派生
する形で定義されています。そのため、型注釈にobjectと書いてもコンパイ
ルは通ります。

しかし、objectにはオブジェクトごとの固有のメソッドは定義されていな
いので、次のコードはコンパイルエラーになります。

object型では固有のメソッドが使えない

```
1    const date: object = new Date();
2    date.getMonth();
```

⊗ test.ts 問題 1 / 1

プロパティ 'getMonth' は型 'object' に存在しません。

すべてのオブジェクトがobjectから派生しているのは言語仕様の要求か
らくる制約なので、実際の型注釈ではそれぞれのオブジェクトの型を使いま
しょう。

UIの作成

 HTMLの構造を決める

　Chapter07と同様に、カレンダーを四角形のボックスの集まりとして構成すると次のように表せます。

ボックスの組み合わせで構成する

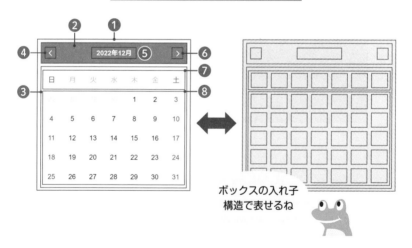

ボックスの入れ子
構造で表せるね

　HTMLの構造を決めるために、外側のボックスから内側のボックスへと段階的に考えていきましょう。

🐸 カレンダーのタイトル

　一番大きな構造は、❶カレンダー全体を囲むボックスです。この中に、❷タイトルを表示するエリアと❸日付を表示するエリアを配置します。

タイトルのHTML

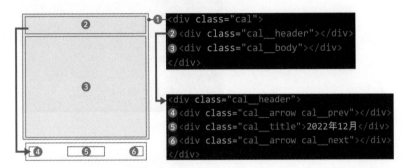

 外側の構造から決めていこう

　さらに❷のエリアの中に、❹前月のカレンダーに切り替えるナビゲーションと❺年月を表示するエリアと❻翌月のカレンダーに切り替えるナビゲーションを配置します。

　❺に表示する内容はプログラムで更新しますが、いまは仮の年月を記述しておきましょう。

🐸 カレンダーの日付

　次は❸日付を表示するエリアを考えましょう。このエリアの中に、❼曜日を表示するエリアと❽日付の数字を表示するエリアを配置します。

曜日のHTML

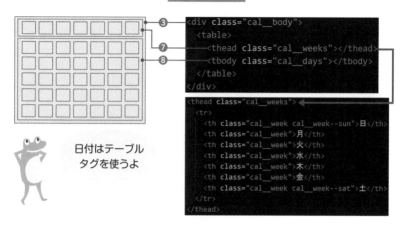

```html
<div class="cal__body">
  <table>
    <thead class="cal__weeks"></thead>
    <tbody class="cal__days"></tbody>
  </table>
</div>
```

```html
<thead class="cal__weeks">
  <tr>
    <th class="cal__week cal__week--sun">日</th>
    <th class="cal__week">月</th>
    <th class="cal__week">火</th>
    <th class="cal__week">水</th>
    <th class="cal__week">木</th>
    <th class="cal__week">金</th>
    <th class="cal__week cal__week--sat">土</th>
  </tr>
</thead>
```

日付はテーブル
タグを使うよ

　曜日の位置は年月が変わっても常に同じなので、日〜土を記述し
ておきましょう。日曜と土曜は色を変えて表示するので、個別の
class名をつけます。

　❽に表示する内容はプログラムで更新しますが、いまは仮の日付
を記述しておきましょう。

日付のHTML

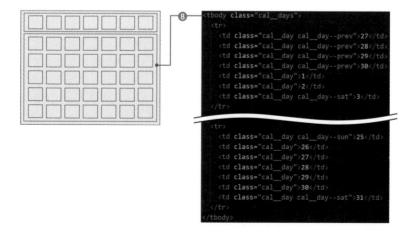

```html
<tbody class="cal__days">
  <tr>
    <td class="cal__day cal__day--prev">27</td>
    <td class="cal__day cal__day--prev">28</td>
    <td class="cal__day cal__day--prev">29</td>
    <td class="cal__day cal__day--prev">30</td>
    <td class="cal__day">1</td>
    <td class="cal__day">2</td>
    <td class="cal__day cal__day--sat">3</td>
  </tr>

  <tr>
    <td class="cal__day cal__day--sun">25</td>
    <td class="cal__day">26</td>
    <td class="cal__day">27</td>
    <td class="cal__day">28</td>
    <td class="cal__day">29</td>
    <td class="cal__day">30</td>
    <td class="cal__day cal__day--sat">31</td>
  </tr>
</tbody>
```

　前月と翌月の日付は薄いグレーで表示するので、個別のclass名をつけます。図は当月の末日が土曜日なので翌月の日付はありませんが、前月はcal__day--prev、翌月はcal__day--nextという個別のclass名をつけます。

HTMLの作成

　index.htmlを次のように記述しましょう。赤色はプログラムで更新する部分です。2022年12月のカレンダーですが、後でTypeScriptで実際の年月が入るようにしていきます。

index.html

```html
<!DOCTYPE html>
<html>
 <head>
  <meta charset="utf-8" />
  <title>カレンダー </title>
  <link rel="stylesheet" href="index.css" />
 </head>
 <body>
  <div class="cal">
   <div class="cal__header">
    <div class="cal__arrow cal__prev"></div>
    <div class="cal__title">2022年12月 </div>
    <div class="cal__arrow cal__next"></div>
   </div>
   <div class="cal__body">
    <table>
     <thead class="cal__weeks">
```

```
    <tr>
      <th class="cal__week cal__week--sun"> 日 </th>
      <th class="cal__week"> 月 </th>
      <th class="cal__week"> 火 </th>
      <th class="cal__week"> 水 </th>
      <th class="cal__week"> 木 </th>
      <th class="cal__week"> 金 </th>
      <th class="cal__week cal__week--sat"> 土 </th>
    </tr>
  </thead>
  <tbody class="cal__days">
    <tr>
      <td class="cal__day cal__day--prev">27</td>
      <td class="cal__day cal__day--prev">28</td>
      <td class="cal__day cal__day--prev">29</td>
      <td class="cal__day cal__day--prev">30</td>
      <td class="cal__day">1</td>
      <td class="cal__day">2</td>
      <td class="cal__day cal__day--sat">3</td>
    </tr>
    <tr>
      <td class="cal__day cal__day--sun">4</td>
      <td class="cal__day">5</td>
      <td class="cal__day">6</td>
      <td class="cal__day">7</td>
      <td class="cal__day">8</td>
      <td class="cal__day">9</td>
      <td class="cal__day cal__day--sat">10</td>
```

```
    </tr>
    <tr>
     <td class="cal__day cal__day--sun">11</td>
     <td class="cal__day">12</td>
     <td class="cal__day">13</td>
     <td class="cal__day">14</td>
     <td class="cal__day">15</td>
     <td class="cal__day">16</td>
     <td class="cal__day cal__day--sat">17</td>
    </tr>
    <tr>
     <td class="cal__day cal__day--sun">18</td>
     <td class="cal__day">19</td>
     <td class="cal__day">20</td>
     <td class="cal__day">21</td>
     <td class="cal__day">22</td>
     <td class="cal__day">23</td>
     <td class="cal__day cal__day--sat">24</td>
    </tr>
    <tr>
     <td class="cal__day cal__day--sun">25</td>
     <td class="cal__day">26</td>
     <td class="cal__day">27</td>
     <td class="cal__day">28</td>
     <td class="cal__day">29</td>
     <td class="cal__day">30</td>
     <td class="cal__day cal__day--sat">31</td>
    </tr>
```

```
      </tbody>
    </table>
  </div>
 </div>
 <script src="index.js"></script>
 </body>
</html>
```

　linkタグとscriptタグを使ってスタイルシート（CSS）とJavaScript
を読み込みます。点線の部分には265 〜 266ページの❶〜❽が入り
ます。

　なお、モジュールの関係はChapter07と同じです。カレンダーの
動作はTypeScriptで記述し、これをコンパイルしたJavaScriptを
HTMLに読み込みます。

モジュールの関係

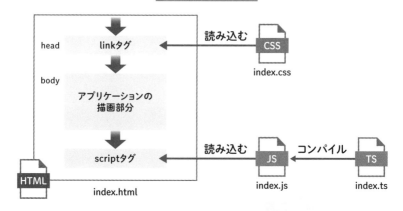

ここが開発の
中心になるよ

CSSの作成

　次に、アプリケーションの描画スタイルを作成します。index.css を次のように記述しましょう。

<u>**index.css**</u>

```
/* カレンダー */
.cal {                                    外周に影をつけて画面中央に配置
  font-family: Arial, Helvetica, sans-serif;
  font-size: 1em;
  font-weight: normal;
  line-height: 1.8;
  box-shadow: 1px 2px 6px 0px rgb(0 0 0 / 20%);
  width: fit-content;
  height: fit-content;
  position: fixed;
  inset: 0;
  margin: auto;
}

/* ヘッダー */
.cal__header {                            タイトルを中央、
  background-color: #14b0eb;              ナビを左右に配置
  color: #ffffff;
  display: flex;
  justify-content: space-between;
  align-items: center;
  padding: 0.5em;
```

```
}

/* 矢印マーク */
.cal__arrow {
 position: relative;
 display: flex;
 justify-content: center;
 align-items: center;
 width: 2em;
 height: 2em;
 cursor: pointer;
}

.cal__arrow::before {
 content: "";
 border: solid #ffffff;
 border-width: 2px 2px 0 0;
 width: 0.5em;
 height: 0.5em;
 display: block;
}

/* 前月移動ナビ */
.cal__prev::before {
 transform: rotate(-135deg);
}

/* 翌月移動ナビ */
```

幅2em、高さ2emの正方形の領域を確保

ボーダーで矢印を表現

回転させて矢印の向きを表現

```
.cal__next::before {
 transform: rotate(45deg);
}

/* 年月表示部 */
.cal__title {
 color: #ffffff;
 font-weight: bold;
}

/* 日付の表 */
.cal__body table {
 width: 100%;
 border-collapse: collapse;
}

/* セルの基本スタイル */
.cal__body th,                    セルの余白を設定
.cal__body td {
 padding: 0.5em 1em;
 text-align: center;
 font-weight: normal;
}

/* 曜日の基本スタイル */
.cal__week {                      基本は薄いグレー
 color: #cccccc;
}
```

```css
/* 土曜日 */
.cal__week--sat {
  color: #006fd0;
}
```
土曜日は青色

```css
/* 日曜日 */
.cal__week--sun {
  color: #cd0042;
}
```
日曜日は赤色

```css
/* 日付の基本スタイル */
.cal__day {
  color: #333333;
}
```
基本は黒

```css
/* 前月の日付 */
.cal__day--prev {
  color: #eeeeee;
}
```
薄いグレー

```css
/* 翌月の日付 */
.cal__day--next {
  color: #eeeeee;
}
```
薄いグレー

```css
/* 土曜日 */
.cal__day--sat {
```
土曜日は青色

```
  color: #006fd0;
}


/* 日曜日 */
.cal__day--sun {
  color: #cd0042;
}
```

日曜日は赤色

　左右のナビは、疑似要素（::before）を縦横0.5emの大きさの四角形にして、四角形の二辺だけに白いボーダーをつけて回転させることによって表現しています。

　CSSを作成したらブラウザでindex.htmlを表示してみましょう。releaseフォルダーに入っている完成版と同じスタイルが適用されたら準備完了です。

デザインの完成

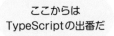

ここからは
TypeScriptの出番だ

　うまく表示されましたか？　次はTypeScriptでプログラムを実装していきましょう。

ECMAScriptとDOM

HTMLタグの構造をbodyタグ（Documentオブジェクトに相当）をルートとするツリー構造とみなす考え方をDOM（Document Object Model）と呼びます。プログラムからDOMを操作するにはquerySelector()などのメソッド（Web API）や、イベントハンドラの仕組みを利用しますが、実はDOMに関する機能はECMAScriptの標準機能ではなく、HTMLやXMLなどといったツリー構造を持ったドキュメントに共通のインターフェースとして言語に依存しない形で定義されています。

ブラウザに搭載されているエンジンにはDOMを操作する機能が実装されているため、JavaScriptのプログラムからHTMLの内容にアクセスすることができます。そこに型注釈などの拡張機能を追加した言語がTypeScriptなので、結果的にTypeScriptでもDOMを操作するプログラムが書けるというわけです。

また、Windowオブジェクト（203ページ）を最上位オブジェクトとする階層構造をBOM（Browser Object Model）と呼びます。そのため、TypeScriptの全体構造は次のように表すことができます。

TypeScriptの全体構造

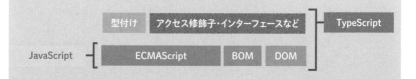

アクセス修飾子やインターフェースは本書で作成するアプリケーションには登場しませんが、本書を終えたらぜひ学んでみてください。

少しだけインターフェースに触れてみよう

インターフェースはオブジェクトが持つ性質（プロパティやメソッド）の名前やデータ型を定めた設計図のようなものです。たとえばAppleというインターフェースが色（文字列型）と品種（文字列型）の2つのプロパティを持つと決めた場合、下記のfujiオブジェクトはインターフェースの決まりを守っているのでエラーになりませんが、jonaオブジェクトはcolorプロパティを備えておらず、インターフェース違反のためコンパイルエラーになります。

```
// 全てのりんごに共通する性質を定義したインターフェース
interface Apple {
 color: string;
 name: string;
}

// インターフェースの決まりを守っているのでエラーにならない
const fuji: Apple = {
 color: "赤",
 name: "ふじ",
};

// インターフェースの決まりを守っていないのでエラーになる
const jona: Apple = {
 name: "ジョナゴールド",
};
```

型エイリアスを使う方法もあります（213ページ）。

プログラムの骨格

 大まかなフローチャート

　右のフローチャートはプログラムの大まかな道筋を表したものです。まず最初に、プログラムが終了するまで常に保持しておかなければならないデータをグローバル変数として宣言し、初期値を設定します。

　次に、どのイベントを監視して何を行うかをイベントハンドラとして設定します。Chapter07で作成したストップウォッチと同様に、カレンダーもイベントの発生をきっかけに処理を実行していくので、フローチャートもイベントごとに分けて整理しましょう。

　カレンダーは3つのイベントをプログラムで処理します。アプリケーションの画面（index.html）がブラウザに読み込まれたとき発生するロードイベント（読み込み完了イベント）と、ユーザーが操作する前月移動ナビのクリックイベントと、翌月移動ナビのクリックイベントの3つです。各イベントが発生したときプログラムで次のことを行います。

● ロードイベント（ページが読み込まれたとき）
　一番最初に1回だけ必ず発生するイベントです。このイベントでは、初期画面（当月のカレンダー）を描画する処理を行います。

● 前月移動ナビのクリックイベント

このイベントが発生したとき、前月のカレンダーを描画します。

● 翌月移動ナビのクリックイベント

このイベントが発生したとき、翌月のカレンダーを描画します。

カレンダーのフローチャート

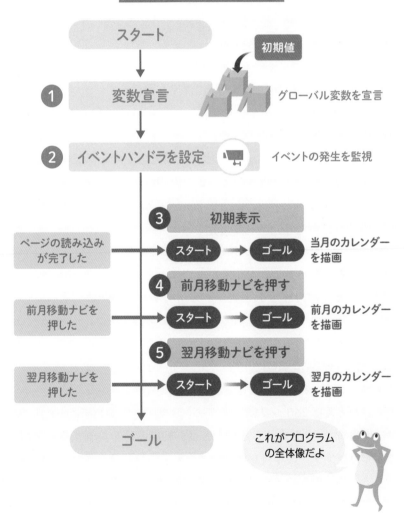

スタート

初期値

① 変数宣言　　　　　グローバル変数を宣言

② イベントハンドラを設定　　　　イベントの発生を監視

③ 初期表示

ページの読み込み
が完了した　　　　　スタート → ゴール　　当月のカレンダー
を描画

④ 前月移動ナビを押す

前月移動ナビを
押した　　　　　　　スタート → ゴール　　前月のカレンダー
を描画

⑤ 翌月移動ナビを押す

翌月移動ナビを
押した　　　　　　　スタート → ゴール　　翌月のカレンダー
を描画

ゴール

これがプログラム
の全体像だよ

❸～❺のイベントが発生したときに実行する処理を予約するために、❷でイベントハンドラを設定します。

プログラムの記述場所を決める

フローチャートを参考に、プログラムを記述する場所を決めましょう。

①グローバル変数の宣言

プログラムのどこからでも参照する必要のあるデータは、グローバル変数にしてプログラムの先頭付近で宣言します。

②イベントハンドラの宣言

イベントが発生したときに実行する関数の定義を記述する場所です。3つのイベントを扱うので、3つの関数を記述します。

③イベントリスナーの設定

addEventListener メソッド（198ページ）を使って、「どのHTML要素に」「どのイベントが発生したときに」「どの関数を実行するか」を結びつけるための設定を記述する場所です。②の関数を正しいタイミングでブラウザに呼び出してもらうための設定です。

④ユーザー定義関数

イベントハンドラ以外に自分で作成した関数の定義を記述する場所です。たとえば260 ～ 262ページの「①今月の1日は何曜日？」「②今月は何日まで？」を求める処理などは、初期画面を描画するときだけでなくカレンダーの年月を切り替えたときも毎回行わなければならないので、それぞれのイベントハンドラの中に記述するよりも、自作の

関数にしてどこからでも呼び出して実行できるようにしたほうが便利
です。ほかにも使い回しできると便利な処理があれば、ユーザー定義
関数にしてイベントハンドラからコードを分離していきます。

index.ts

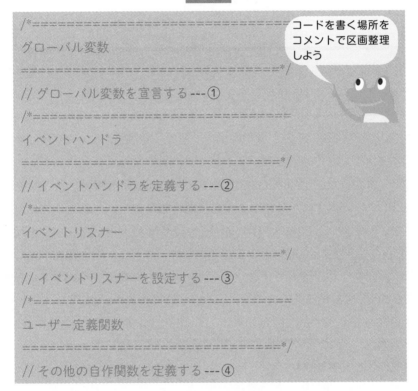

```
/*===================================================
グローバル変数
===================================================*/

// グローバル変数を宣言する ---①
/*===================================================
イベントハンドラ
===================================================*/

// イベントハンドラを定義する ---②
/*===================================================
イベントリスナー
===================================================*/

// イベントリスナーを設定する ---③
/*===================================================
ユーザー定義関数
===================================================*/

// その他の自作関数を定義する ---④
```

コードを書く場所を
コメントで区画整理
しよう

Point!　なぜユーザー定義関数を最後に記述するの？

④は関数の追加や修正のために書き換える頻度が高い場所です。④を一
番最後にもってくると、関数を追加したいときは一番下に記述すればよ
く、コード全体を見なくて済むので効率的です。また、functionで宣言
すれば巻き上げ（241ページ）がはたらくので、②の中から④の関数を
呼び出してもエラーになりません。

変数の宣言

🐸 グローバル変数を決める

　カレンダーには、「いま何月のカレンダーを表示しているのか」を保持しておくための変数が必要です。この変数の初期値は今の年月にします。たとえば今が2022年12月なら図の「●●年△△月」は「2022年12月」になります。もし、前月移動ナビがクリックされたら1ヶ月前の2022年11月に変更し、翌月移動ナビがクリックされたら1ヶ月先の2023年1月に変更します。そして、この変数が表している年月に基づいてカレンダーの日付部分をプログラムで更新します。

「○○年△△月」が「2022年12月」の場合

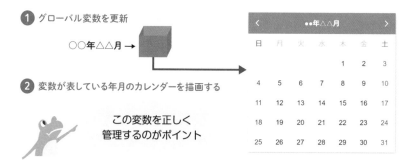

　これらのほかに、カレンダーのタイトル（○○月△△月）を表示す

るHTML要素や、前月移動ナビと翌月移動ナビのクリックを受け付けるHTML要素もquerySelectorメソッドで取得して定数に保持しておきます。

グローバル変数の初期化

```
/*====================================
グローバル変数
====================================*/


// 表示中の年月
const currentDate: Date = new Date();
// タイトル表示部
const elmTitle: HTMLElement = document.querySelector(".cal__
title")!;
// 前月移動ナビ
const elmPrev: HTMLElement = document.querySelector(".cal__
prev")!;
// 翌月移動ナビ
const elmNext: HTMLElement = document.querySelector(".cal__
next")!;
// 日付表示部
const elmDays: HTMLElement = document.querySelector(".cal__
days")!;
```

グローバル変数を
初期化しよう

イベントリスナーの設定

 ## イベントに関数を割り当てる

3つのイベントハンドラを、onPageLoad（ロードされたとき）、onPrev（前月移動ナビがクリックされたしたとき）、onNext（翌月移動ナビがクリックされたとき）と名付けることにしましょう。

イベントハンドラは戻り値を返さないので、本章ではvoidで型注釈することにしましょう。

戻り値を返さないことを明確にする

```ts
const onPageLoad = (): void => {};
```

戻り値の型をvoidにすると、関数内に戻り値を返す記述があればコンパイルエラーになるので、プログラムミスの防止に役立ちます。

ミスの防止に役立つ

```ts
21 ∨ const onPageLoad = ():void => {
22      return true;
```

⊗ index.ts 問題 1 / 1

型 'boolean' を型 'void' に割り当てることはできません。 ts(2322)

<u>イベントリスナーの設定</u>

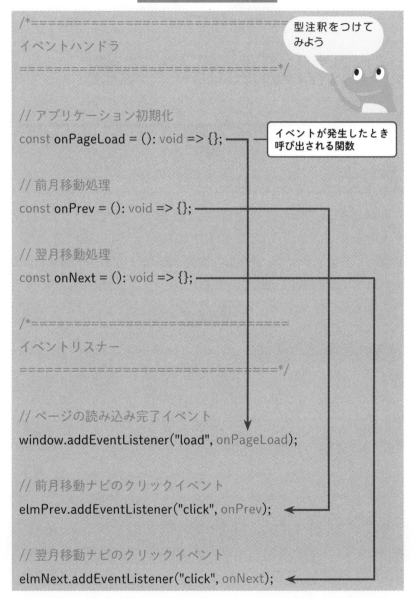

```
/*================================
イベントハンドラ
===============================*/


// アプリケーション初期化
const onPageLoad = (): void => {};


// 前月移動処理
const onPrev = (): void => {};


// 翌月移動処理
const onNext = (): void => {};



/*===============================
イベントリスナー

===============================*/


// ページの読み込み完了イベント
window.addEventListener("load", onPageLoad);


// 前月移動ナビのクリックイベント
elmPrev.addEventListener("click", onPrev);


// 翌月移動ナビのクリックイベント
elmNext.addEventListener("click", onNext);
```

型注釈をつけて
みよう

イベントが発生したとき
呼び出される関数

初期画面の実装

 アプリケーションの初期化処理

index.htmlをブラウザで表示すると、267ページでHTMLに記述したとおりに（今日が2022年12月でなくても）2022年12月のカレンダーが表示されます。本当は、今日の年月のレンダーを表示しなければなりません。

初期表示

常に今月のカレンダーを表示するにはどうすればいいかな？

そこで、ロードイベントが発生したタイミング、つまりonPageLoad関数の中で、「今が〇〇年△△月なら〇〇年△△月のカレンダーを表示する処理」を実行します。

　この処理は、グローバル変数のcurrentDateに保持されるDateオブジェクト（〇〇年△△月を表す）に基づいて実行するので、左右の移動ナビをクリックして表示を切り替えるときにも利用できるように、ユーザー定義関数にしましょう。関数の名前をupdateViewとすると、次のようになります。

updateView関数

```
/*===============================
ユーザー定義関数
===============================*/


// 描画更新
function updateView(date: Date): void {/*処理*/}
```

　onPageLoad関数はupdateView関数にcurrentDateを渡し、updateView関数はこれを仮引数dateに受け取ります。

onPageLoad関数

```
// アプリケーション初期化
const onPageLoad = (): void => {
 // 描画を更新
 updateView(currentDate);
};
```

 ## updateView関数

　updateView関数の中身を実装しましょう。まず、引数で指定した月のカレンダーを表示する手順をコメントコーディングして、少しずつ詳細化していきましょう。

処理の手順を考える

```
function updateView(date: Date): void {
  // タイトル表示部の更新 ---①
  // 日付表示部の更新 ---②
}
```

①②は date が表す○○年△△月の内容を表示しなければならないので、それぞれ date を受け取る関数にして、updateView 関数から呼び出すことにしましょう。

```
function updateView(date: Date): void {
  // タイトル表示部の更新
  updateTitle(date);
  // 日付表示部の更新
  updateDays(date);
}
```

①②の処理をすべて updateView 関数に記述すると長くなり、プログラムの流れがわかりにくくなるので、細かく関数化して可読性（読みやすさ）を保ちます。

 ## タイトル表示部の更新（updateTitle 関数）

タイトルは YYYY 年 MM 月の書式（年4桁、月2桁）で表示します。年は getFullYear()、月は getMonth() メソッドで取得できるので、もし今が 2023 年 1 月だったら次のようになります。

年を4桁の文字列にする

```
date.getFullYear().toString() // => "2023"
```

月を2桁の文字列にする

```
(date.getMonth() + 1) // 1月は0なので0＋1＝1になる
.toString()     // 数値の1を文字列の"1"に変換
.padStart(2, "0") // 2桁になるまで先頭に"0"を詰める => "01"
```

これを「年」「月」と連結すればタイトルの書式が得られます。

```
const title: string = date.getFullYear().toString() + "年"
 + (date.getMonth() + 1).toString().padStart(2, "0") + "月";
```

この文字列をタイトル表示部のHTML要素にセットします。

```
elmTitle.innerHTML = title;
```

ここまでの手順をまとめると、updateTitle関数は次のようになります。

updateTitle関数

```
function updateTitle(date: Date): void {
  // タイトルを編集：YYYY年MM月
  const title: string = date.getFullYear().toString() + "年" + (date.getMonth() + 1).toString().padStart(2, "0") + "月";
  // タイトルを更新
  elmTitle.innerHTML = title;
}
```

日付表示部の更新（updateDays関数）

次に、日付表示部の更新手順を考えましょう。仮引数のdateが表す〇〇年△△月の日付を表示する手順は次のとおりです。

処理の手順を考える

```
function updateDays(date: Date): void {
  // 配列を宣言 --- ❶
  // 日付の表示に必要な情報を求める --- ❷
  // セルのデータを配列に格納する --- ❸
  // 日付表示部のHTMLを編集する --- ❹
  // 日付表示部のHTMLを更新する --- ❺
}
```

❶まず、カレンダーの各セルに表示する日付を格納するための配列を宣言します。

次に、❷セルに表示する日付を求めるために必要な情報（260〜262ページで考察した「今月の1日は何曜日？」「今月は何日まで？」など）を求めておきます。

それらの情報を使って、❸セルに入る日付を左上から右下に向かって順番に求め、配列に詰め込んでいきます。

最後に、❹配列を読み取りながらセルのHTMLを文字列型の変数に連結し、作成し終えたら❺日付表示部に文字列をセットします。

日付表示部の更新手順

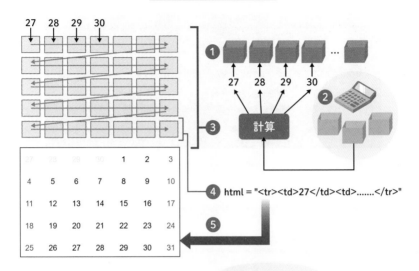

html = "<tr><td>27</td><td>.......</tr>"

配列に格納してから
HTMLに反映するよ

では、手順❶～❺をひとつずつ実装していきましょう。

●❶配列の宣言

　セルのHTMLは曜日や月によって色を変えるので、268～269ペー
ジのようにセルごとに個別のclass名をつけなければなりません。

```
<td class="cal__day cal__day--prev">27</td>
<td class="cal__day cal__day--prev">28</td>
<td class="cal__day cal__day--prev">29</td>
<td class="cal__day cal__day--prev">30</td>
<td class="cal__day">1</td>
<td class="cal__day">2</td>
<td class="cal__day cal__day--sat">3</td>
```

そのため、日付だけでなく、class名を格納する配列も用意してお
きます。❶のところに次のコードを追加しましょう。

updateDays関数の❶に追加するコード

```
// ------------------------------------
// 配列を宣言
// ------------------------------------

// セルの日付を格納する配列
const dateList: number[] = [];
// セルのclass名を格納する配列
const classList: string[] = [];
```

dateListに日付を格納するには、配列オブジェクトのpushメソッ
ドを使う方法と、要素番号を指定して代入する方法があります。

コンパイルエラーにならない

```
dateList.push(27);
dateList[0] = 27;
```

どちらもdateListの要素を更新する操作ですが、dateListをconst
で定数として宣言しているのにエラーにはなりません。ただし
dateList自体に別の配列を再代入するとエラーになります。

コンパイルエラーになる

```
dateList = [27,28,29,...];
```

再代入は、dateListの中身がメモリのどこにあるかを表すアドレス
を変更する行為なので、エラーになります。配列要素を書き換えて
もdateListのアドレスは変わらないのでエラーになりません。

constは参照先の変更を禁止する

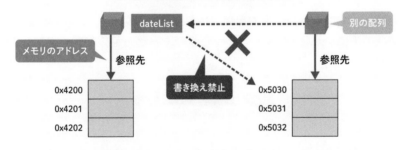

●❷日付の表示に必要な情報を求める

日付の表示に必要な情報は、❶当月の日数、❷当月の1日の曜日、❸
前月の日数、❹当月の行数、の4つです。順番に求めていきましょう。

必要な情報

❷ 1日は何曜日?

どうやって求めたら
いいかな?

❸
前月の日数は?

❹ 当月は何行必要?

※「●●月△△月」が「2022年12月」の場合

❶ 当月は何日まである?

❶は261 〜 262ページの手順で求めることができます。updateDays
関数の下にgetMonthDaysという名前のユーザー定義関数を追加しま
しょう。

当月の日数を求める関数

```
function getMonthDays(): number {
  // 当日の日付オブジェクトを生成
  const lastDay: Date = new Date(
    currentDate.getFullYear(),
    currentDate.getMonth(),
    currentDate.getDate());
  // 当月の末日へ移動
  lastDay.setMonth(lastDay.getMonth() + 1);
  lastDay.setDate(0);
  // 当月の日数を計算
  const days: number = lastDay.getDate();
  // 当月の日数を返す
```

```
  return days;
}
```

　currentDateはプログラムの冒頭で宣言したグローバル変数で、今日の日付が入っています。直接currentDateを使ってsetMonth()やsetDate()メソッドを実行すると、currentDate自体が表す日付が変わってしまうので、currentDateと同じ日付を表すオブジェクトを新しく生成して別の変数lastDayに代入します。そのために、currentDate.getFullYear()、currentDate.getMonth()、currentDate.getDate()で取得される年月日をDateオブジェクトのコンストラクタに渡します。currentDateの役目はここまでです。ここから先は複製したlastDayを261～262ページと同じ手順で操作して、当月の末日へ移動します。そして最後にgetDate()で末日の日付を取得すると、当月の日数が得られます。これを関数の呼び出し元へ返します。

　❷は260ページの手順で求めることができます。getMonthDays関数の下にgetFirstDayOfWeekという名前のユーザー定義関数を追加しましょう。

当月の1日の曜日を求める関数

```
function getFirstDayOfWeek(): number {
  // 1日の日付オブジェクトを生成
  const firstDay: Date = new Date(
    currentDate.getFullYear(),
    currentDate.getMonth(),
    1);
  // 1日の曜日を取得
  const day: number = firstDay.getDay();
```

```
  // 曜日を返す
  return day;
}
```

1日の日付オブジェクトをcurrentDate.setDate(1)としてしまう
と、currentDate自体が表す日付が変わってしまうので、当月の1日
を表す日付オブジェクトを新しく生成して別の変数firstDayに代入
します。そして、firstDayが指している曜日をfirstDay.getDay()で
求めて関数の呼び出し元へ返します。

当月の1日が火曜日だったら関数は2を返します。これを曜日の配
列の要素番号とみなすと、当月は3列目から始まることになります。
同様に、0を返したら1列目（日曜日）から始まり、6を返したら7列
目（土曜日）から始まることがわかります。

❸は「当月」を「前月」に置き換えて考えると、❶と同じ手順で求める
ことができます。getFirstDayOfWeek関数の下にgetPrevMonthDays
という名前のユーザー定義関数を追加しましょう。

前月の日数を求める関数

```
function getPrevMonthDays(): number {
  // 前月の日付オブジェクトを生成
  const prevMonth: Date = new Date(
    currentDate.getFullYear(),
    currentDate.getMonth() - 1);
  // 前月の日数を取得
  const days: number = getMonthDays(/* 引数 */);
  // 前月の日数を返す
  return days;
```

```
}
```

　前月の日付オブジェクトを直接操作すると、currentDate自体が表す日付が変わってしまうので、currentDateから見てちょうど1カ月前を表す日付オブジェクトを新しく生成して、別の変数prevMonthに代入します。

　もし、❶で作成したgetMonthDays関数が、currentDateではなくprevMonthを使って動いてくれれば、前月の日数が返ってくるはずです。そこで、getMonthDays関数が日付オブジェクトを受け取るように引数を追加することにしましょう。

当月の日数を求める関数

```
function getMonthDays(date: Date): number {
  // 当日の日付オブジェクトを生成
  const lastDay: Date = new Date(
      date.getFullYear(), date.getMonth(), date.getDate());
  // 当月の末日へ移動
  lastDay.setMonth(lastDay.getMonth() + 1);
  lastDay.setDate(0);
  // 当月の日数を計算
  const days: number = lastDay.getDate();
  // 当月の日数を返す
  return days;
}
```

　このように、グローバル変数のcurrentDateの代わりに引数で渡された日付オブジェクトを使って当日の日付オブジェクトを生成するように変更しましょう。

すると、❸のgetPrevMonthDays関数は次のように書けます。

前月の日数を求める関数

```
function getPrevMonthDays(date: Date): number {
  // 前月の日付オブジェクトを生成
  const prevMonth: Date = new Date(
    date.getFullYear(), date.getMonth() - 1);
  // 前月の日数を取得
  const days: number = getMonthDays(prevMonth);
  // 前月の日数を返す
  return days;
}
```

currentDateを使っていた箇所を引数のdateに置き換えましょう。

❷のgetFirstDayOfWeek関数も、引数で受け取った日付オブジェクトに基づいて結果を返すように変更しておきましょう。

当月の1日の曜日を求める関数

```
function getFirstDayOfWeek(date : Date): number {
  // 1日の日付オブジェクトを生成
  const firstDay: Date = new Date(
    date.getFullYear(), date.getMonth(), 1);
  // 1日の曜日を取得
  const day: number = firstDay.getDay();
  // 曜日を返す
  return day;
}
```

　これで、❶❷❸はグローバル変数 currentDate が表す日付を動かすことなく、引数で指定された日付に基づいて結果を返す関数になりました。

　❹は、❶と❷の結果を利用すると計算で求めることができます。

当月の行数を求める

const rows: number = Math.ceil((❷の戻り値＋❶の戻り値) / 7);

　Math.ceil() は小数点以下を切り上げて整数にするメソッドです。この計算式が成り立つことを絵で確認しておきましょう。

必要な情報

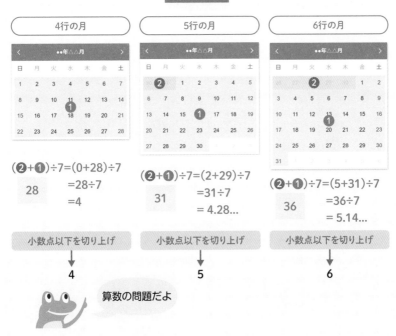

❷の戻り値＋❶の戻り値は図の薄いグリーンがかかったセルの個数を表します。これらのセルを横に7個ずつ並べていくと何行になるかを求めるには、7で割った答えを切り上げて整数にすればよいですね。4.28…なら切り上げて5行、5.14…なら切り上げて6行必要ということになります。

さあ、❶❷❸❹が作成できたので、updateDays関数（290ページ）に戻って❷のところに次のコードを追加しましょう。

updateDays関数の❷に追加するコード

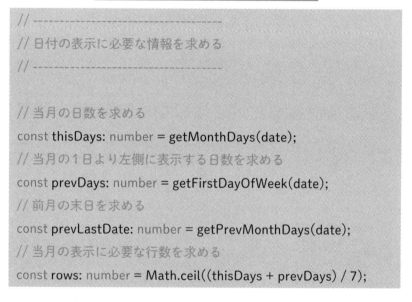

```
// -----------------------------------
// 日付の表示に必要な情報を求める
// -----------------------------------

// 当月の日数を求める
const thisDays: number = getMonthDays(date);
// 当月の1日より左側に表示する日数を求める
const prevDays: number = getFirstDayOfWeek(date);
// 前月の末日を求める
const prevLastDate: number = getPrevMonthDays(date);
// 当月の表示に必要な行数を求める
const rows: number = Math.ceil((thisDays + prevDays) / 7);
```

getFirstDayOfWeek関数は1日の曜日（日曜:0〜土曜:6）を返しますが、当月の1日よりも左にあるセルの個数と言い換えることができます。たとえば1日が火曜日なら、日曜と月曜のセルには前月の日付が入りますが、そのために何個のセルが必要かを表します。

❸セルのデータを配列に格納する

では次に、updateDays関数の❸を考えていきましょう。❶で宣言した配列に、セルに入る日付とCSSのクラス名を左上から右下に向かって順番に求めて詰め込んでいきます。

この処理の概要は次のようになります。

日付とclass名の格納

```
// セルの個数だけ繰り返す
for (let i: number = 0; i < rows * 7; i++) {
 // i番目のセルが前月の場合
 if (/* i番目が前月である条件 */) {
  // セルの日付を格納
  // セルのclass名を格納
 }
 // i番目のセルが当月の場合
 else if (/* i番目が当月である条件 */) {
  // セルの日付を格納
  // セルのclass名を格納
 }
 // i番目のセルが翌月の場合
 else {
  // セルの日付を格納
  // セルのclass名を格納
 }
}
```

iを0からrow * 7まで動かすと、一番左上のセルから一番右下の

セルまで全部のセルを順番にたどっていくことになります。セルは、そこに入る日付が前月か当月か翌月かによってパターンが分かれるので、if文で処理を分岐させます。

では、if文の分岐条件を考えましょう。i番目のセルに前月の日付が入るのは、当月の1日よりも左にあるセルの個数（❷で求めたprevDays）よりもiが小さいときです。また、i番目のセルに当月の日付が入るのは、iがprevDays以上で、なおかつiがprevDaysと当月の日数の合計よりも小さいときです。

```
//i番目のセルが前月の場合
if (i < prevDays) {

}
//i番目のセルが当月の場合
else if (prevDays <= i && i < prevDays + thisDays) {

}
```

セルのパターン

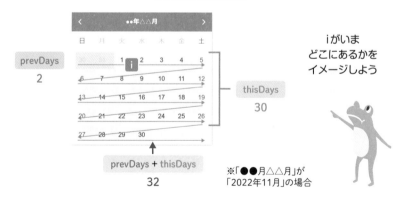

iがいま
どこにあるかを
イメージしよう

prevDays
2

thisDays
30

prevDays + thisDays
32

※「●●月△△月」が
「2022年11月」の場合

　セルに入る日付はループカウンタのiを使うと次のように書き表せます。

前月の日付：prevLastDate - prevDays + 1 + i

当月の日付：i - prevDays + 1

翌月の日付：i -（prevDays + thisDays）+ 1

前月の日付を式で表す

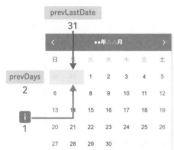

prevLastDate
31

※「●●月△△月」が「2022年11月」の場合

左上の日付は31-2=29に1を足した30から始まるので
そこからiだけ進んだセルには30 + iが入る。

$$（\underset{31}{\text{prevLastDate}} - \underset{2}{\text{prevDays}} + 1）+ \underset{1}{i} = 31$$

左上の日付を表す式に
iを足せばいい

　左上のセルには、前月の最後の日付（prevLastDate）から prevDays
だけ引いて1を足した日付が入ります。最後の日付まで行ってか
ら左に少し戻って1歩だけ右に行くイメージです。このときi=0
なので、次のセルにはさらにiを足した日付が入ります。よって、
prevLastDate - prevDays + 1 + iになります。

　当月のセルには、iからprevDaysだけ引いて1を足した日付が入り
ます。

当月の日付を式で表す

※「●●月△△月」が「2022年11月」の場合

左上のセルから数えてi番目に入る日付は、

$$\underset{4}{i} - \underset{2}{\text{prevDays}} + 1 = 3$$

前月のセルの個数を
iから引いて1を足す

翌月のセルには、iからprevdaysとthisDaysを引いて1を足した日付が入ります。

翌月の日付を式で表す

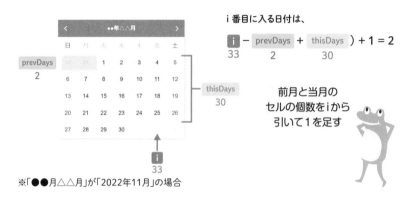

i番目に入る日付は、

$($ **i** $-$ prevDays $+$ thisDays $) + 1 = 2$
　33　　　　2　　　　　30

前月と当月の
セルの個数をiから
引いて1を足す

※「●●月△△月」が「2022年11月」の場合

また、セルにつけるclass名は次のようにします。

セルにつけるclass名

セルの条件	セルにつけるclass名	適用される色
前月	cal__day cal__day--prev	薄いグレー
当月の日曜日	cal__day cal__day--sun	赤
当月の土曜日	cal__day cal__day--sat	青
当月の月〜金曜日	cal__day	黒
翌月	cal__day cal__day--next	薄いグレー

当月のセルの曜日を判定するには、ループカウンタのiがいま何列目にいるかを考えます。iは0から始まって1ずつ増えていきますが、右端までくると下の段へ移動します。iには7増えるごとに1列目に戻る周期性があると言い換えることができます。

一定の間隔で周期的に変わる量をプログラムで表現するには、割り算の余りを使います。iの周期は7なので、iを7で割った余りが0

ならiは日曜日のセルにいます。余りが1〜5なら月曜日〜金曜日にいます。そして余りが6なら土曜日にいることになります。

　ここまでの考察を反映して、updateDays関数の❸のところに次のコードを追加しましょう。

日付とclass名の格納

```
// -------------------------------------
// セルのデータを配列に格納する
// -------------------------------------


// セルの個数だけ繰り返す
for (let i: number = 0; i < rows * 7; i++) {
  // i番目のセルが前月の場合
  if (i < prevDays) {
    // セルの日付を格納
    dateList.push(prevLastDate - prevDays + 1 + i);
    // セルのclass名を格納
    classList.push("cal__day cal__day--prev");
  }
  // i番目のセルが当月の場合
  else if (prevDays <= i && i < prevDays + thisDays) {
    // セルの日付を格納
    dateList.push(i - prevDays + 1);
    // i番目のセルが日曜日の場合
    if (i % 7 === 0) {
      // セルのクラス名を格納
      classList.push("cal__day cal__day--sun");
    }
```

```
// i 番目のセルが土曜日の場合
else if (i % 7 === 6) {
  // セルのクラス名を格納
  classList.push("cal__day cal__day--sat");
}
// i 番目のセルが土日以外の場合
else {
  classList.push("cal__day");
}
}
// i 番目のセルが翌月の場合
else {
  // セルの日付を格納
  dateList.push(i - (prevDays + thisDays) + 1);
  // セルのクラス名を格納
  classList.push("cal__day cal__day--next");
}
}
```

●❹日付表示部のHTMLを編集する

　セルの個数、セルに入る日付、セルにつける class 名など、HTML の部分を作成するために必要な情報が揃ったので、HTML の <tbody class="cal__days"> 〜 </tbody> の中に入れるタグをプログラムで編集していきましょう。HTML はテキストなので、文字列型の変数にタグを連結していきます。

日付とclass名の格納

```
// HTMLを格納する変数
let html: string = "";

// セルの個数だけ繰り返す
for (let i: number = 0; i < rows * 7; i++) {
  /* <tr>や<td>タグを変数に連結していく */
}
```

　forループはセルを1つずつ繰り返しますが、1週間ごとにiが日曜日のセルにきたら<tr>タグを連結し、土曜日のセルにきたら</tr>タグを連結しなくてはなりません。このことに気を付けて、updateDays関数の❹のところに次のコードを追加しましょう。

updateDays関数の❹に追加するコード

```
// -----------------------------------
// 日付表示部のHTMLを編集する
// -----------------------------------

// HTMLを格納する変数
let html: string = "";

// セルの個数だけ繰り返す
for (let i: number = 0; i < rows * 7; i++) {
  // i番目のセルが1列目の場合
  if (i % 7 === 0) {
    // tr開始タグを連結
    html += "<tr>";
```

```
}
// i番目のセルのHTMLを連結
html += '<td class="' + classList.shift() + '">'
    + dateList.shift()?.toString() + "</td>";
// i番目のセルが7列目の場合
if (i % 7 === 6) {
// tr終了タグを連結
  html += "</tr>";
}
}
```

　セルに表示する日付とclass名は、❸で追加した配列からshiftメソッド（127ページ）で先頭の要素から順番に取り出します。dateListに入っている日付は数値型なので、toStringメソッドで文字列に変換したものを連結します。このとき、shiftメソッドに続けてtoStringメソッドを呼び出そうとするとコンパイルエラーになります。

破壊的メソッドに続けてメソッドを呼び出すとエラー

```
dateList.shift().toString() + "</td>";
(method) Array<number>.shift(): number |
undefined
Removes the first element from an array and returns it. If the
array is empty, undefined is returned and the array is not
modified.
オブジェクトは 'undefined' である可能性があります。
```

　shiftメソッドは要素がないときに呼び出すとundefinedが返るので、toStringメソッドを実行できないからです。そのため、非アサーション演算子（200ページ）を使ってshiftメソッドの戻り値が必ず存

在することをコンパラに伝えます。

```
dateList.shift()?.toString()
```

⑤日付表示部のHTMLを更新する

編集したHTMLを日付表示部に反映しましょう。

updateDays関数の⑤に追加するコード

```
// 日付表示部のHTMLを更新
elmDays.innerHTML = html;
```

コンパイルと動作確認

index.tsをコンパイルして初期画面を確認してみましょう。まず、cdコマンドでdevelopディレクトリへ移動します。

```
cd C:¥sample¥calendar¥develop Enter
```

ターミナルを開いたときにカレントディレクトリの表示が変わっていなければ次からはcdコマンドを実行する必要はありません。

次にtsコマンドを実行します。

```
tsc index.ts --target ES2022 Enter
```

TypeScriptをJavaScriptにコンパイル

```
問題   出力   デバッグ コンソール   ターミナル
PS C:\sample\calendar\develop> tsc index.ts --target ES2022
PS C:\sample\calendar\develop> []
```

index.htmlをブラウザで表示してみましょう。当月のカレンダーが表示されれば成功です。

初期画面の完成

<		**2022年12月**				>
日	月	火	水	木	金	土
				1	2	3
4	5	6	7	8	9	10
11	12	13	14	15	16	17
18	19	20	21	22	23	24
25	26	27	28	29	30	31

できた！！

\Column/

変数の競合エラーが出る場合の対処法

　異なるプロジェクト（developとrelease）の*.tsや*.jsファイルを複数開く
と、VS Codeはそれらを一緒に監視するので、同じスコープ内で宣言が重複
しているとみなしてしまいます。

定義の重複エラー

　画面上部のタブから×マークをクリックして、編集していないファイルを
閉じるとエラーは解消します。

前月・翌月への移動

⬇

 カレンダーを切り替える手順

　当月のカレンダーが表示できたので、次は前月移動ナビと翌月移動ナビで表示を切り替える処理を実装していきましょう。イベントハンドラのところで記述したonPrev関数とonNext関数に処理を追加していきます。

```
// 前月移動処理
const onPrev = (): void => {
  // 前月へ移動 --- ❶
  // 描画更新 --- ❷
};

// 翌月移動処理
const onNext = (): void => {
  // 翌月へ移動 --- ❸
  // 描画更新 --- ❹
};
```

　❶は画面の表示を切り替えるのではなく、グローバル変数の

currentDateが表す日付を1ヶ月前に動かします。それから❷を行えば1ヶ月前の表示になります。❸と❹も同様です。

カレンダーを切り替える手順

初期表示のときはグローバル変数を宣言時に更新しますが、ナビを押したときはそれぞれのイベントハンドラの中で更新します。

日付オブジェクトcurrentDateが1ヶ月前の日付を表すように動かすには、getMonthメソッドで取得した月に1を足した値をsetMonthメソッドに渡します。1ヶ月後の日付を表すように動かすには、getMonthメソッドで取得した月から1を引いた値をsetMonthメソッドに渡します。

```
// 1ヶ月前の日付へ移動
currentDate.setMonth(currentDate.getMonth() - 1);
// 1ヶ月後の日付へ移動
currentDate.setMonth(currentDate.getMonth() + 1);
```

このようにcurrentDateを動かしてからupdateView関数に渡すと、変更後のcurrentDateが表す付を当日とみなしてカレンダーの描画を更新してくれます。onPrev関数は次のようになります。

onPrev関数

```
const onPrev = (): void => {
  // 前月へ移動
  currentDate.setMonth(currentDate.getMonth() - 1);
  // 描画更新
  updateView(currentDate);
};
```

onNext関数も同様の考え方をすれば、次のようになります。

onNext関数

```
const onNext = (): void => {
  // 翌月へ移動
```

```
currentDate.setMonth(currentDate.getMonth() + 1);
// 描画更新
updateView(currentDate);
};
```

　index.tsをコンパイルしてindex.htmlをブラウザで表示してみましょう。ナビをクリックするとカレンダーが切り替わります。

```
tsc index.ts --target ES2022 Enter
```

カレンダーの完成

できた！！

拡張機能「Live Preview」を使ってみよう

VS Codeの拡張機能「Live Preview」をインストールすると、VS Codeの
ローカルサーバー上でウェブページを実行・表示することができます。

手軽にプレビューできる

① ツリーのファイル名を右クリック

② プレビューを表示

③ プレビューが起動

ブラウザを別途起動
しなくても済むよ

TypeScriptのプログラム内にconsole.logメソッドで変数の値などを出力
すると、VS Codeのデバッグコンソールに表示されるので、プログラムのデ
バッグにも役立ちます。

おわりに

　本書を最後までお読みいただき、ありがとうございます。私がJavaScriptに触れたのはインターネットが普及しはじめた頃で、動画サイトもSNSもありませんでした。誰も教えてくれないので、自分で選んだ本を信じて、行き詰ったら解決するまでコードを書き換えて試行錯誤しました。その過程で、プログラムを組み立てる手順を発想する方法や、問題解決（バグの原因を突き止める方法など）の考え方が自然に身に付いたと記憶しています。そういった経験から、自分の頭で考え自分の手を動かしたことだけが自分に残ることを実感したので、人に教えるときもそのように指導しています。

　さて、最近はSNSで駆け出しエンジニアのハッシュタグに多くの初学者が集まって、おすすめの本やサイトを紹介しあったり互いに励ましあってモチベーションをコントロールする独学スタイルが流行っているようです。私もたまにSNSで彼らに通りすがりのアドバイスをするのですが、JavaScriptを学んでいる人が増えてきた印象があります。

　JavaScriptが自転車だとすればTypeScriptは補助輪のようなものなので、JavaScriptに慣れてきた頃にはTypeScriptを使う理由を見失ってしまうかもしれません。しかし、TypeScriptを学ぶ中で得られるプログラミングパラダイム（考え方、やり方）は、補助輪を外して本格的なプログラム開発に進んだときにも、別の言語を学ぶ際にも必ず役に立ちます。自分で選んだ努力は決して自分を裏切りませんから。

　本書で得た知識と経験が、より実践的なプログラミング学習に進むきっかけになることを願っています。

中田 亨

2022年12月

索引

著者略歴

中田　亨（なかた　とおる）

　1976年兵庫県生まれ 神戸電子専門学校 / 大阪大学理学部卒業。ソフトウェア開発会社で約10年間、システムエンジニアとしてWebシステムを中心とした開発・運用保守に従事。独立後、マンツーマンでウェブサイト制作とプログラミングが学べるオンラインレッスンCODEMY（コーデミー）の運営を開始。IT業界への転職を目指す初心者から現役Webデザイナーまで、幅広く教えている。著書に「Vue.jsのツボとコツがゼッタイにわかる本［第2版］」「図解！ アルゴリズムのツボとコツがゼッタイにわかる本」「図解！ JavaScriptのツボとコツがゼッタイにわかる本 "超"入門編」「同　プログラミング実践編」「図解！ HTML&CSSのツボとコツがゼッタイにわかる本」（いずれも秀和システム）などがある。

　レッスンサイト https://codemy-lesson.office-ing.net/

カバーイラスト　mammoth.

図解！
TypeScriptのツボとコツが
ゼッタイにわかる本　"超"入門編

発行日	2022年 12月 6日	第1版第1刷

著　者　中田　亨

発行者　斉藤　和邦
発行所　株式会社　秀和システム
　　　　〒135-0016
　　　　東京都江東区東陽2-4-2　新宮ビル2F
　　　　Tel 03-6264-3105（販売）　Fax 03-6264-3094
印刷所　三松堂印刷株式会社

©2022 Tooru Nakata　　　　　　　　　　Printed in Japan
ISBN978-4-7980-6779-7 C3055